高职高专生物制药类专业实训教材

生物化学实验实训教程

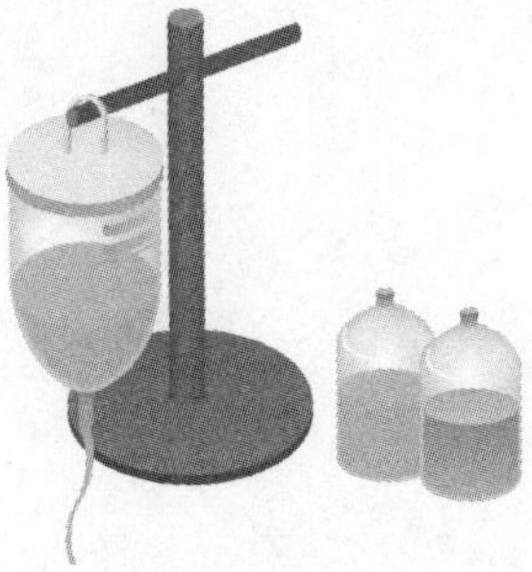

（供生物制药技术、生物技术、生物工程及相关专业使用）

主　编　宋小平（安徽医学高等专科学校）

编　者（以姓氏笔画为序）

王雅洁（安徽医学高等专科学校）

李祥华（北京百迈客生物科技有限公司）

沈书文（合肥天麦生物科技发展有限公司）

胡　栋（南京金斯瑞生物科技有限公司）

黄　静（安徽医学高等专科学校）

琚易友（合肥安德生制药有限公司）

蔡晶晶（安徽医学高等专科学校）

东南大学出版社

SOUTHEAST UNIVERSITY PRESS

·南京·

图书在版编目(CIP)数据

生物化学实验实训教程/宋小平主编.—南京：东南大学出版社，2015.12

ISBN 978-7-5641-6085-2

Ⅰ.①生… Ⅱ.①宋… Ⅲ.①生物化学-实验-高等学校-教材 Ⅳ.①Q5-33

中国版本图书馆 CIP 数据核字(2015)第 256578 号

生物化学实验实训教程

出版发行	东南大学出版社
出 版 人	江建中
社　　址	南京市四牌楼 2 号
邮　　编	210096
经　　销	江苏省新华书店
印　　刷	南京工大印务有限公司
开　　本	787 mm×1 092 mm　1/16
印　　张	7.75
字　　数	192 千字
版 印 次	2015 年 12 月第 1 版　2015 年 12 月第 1 次印刷
书　　号	ISBN　978-7-5641-6085-2
定　　价	20.00 元

*** 本社图书若有印装质量问题，请直接与营销部联系，电话：025—83791830。**

前言

本书遵循高职高专生物制药技术相关专业的培养目标，根据高职高专的教学特点、后续课程和职业岗位的需要，注重学生基本知识、基本技能和实际工作能力的培养。本书是作者在2008年编写的、2011年第一次修改补充的《生物化学实验指导》的基础上重新补充修改而成的。

本书共分为三个模块，每一模块包括若干章节，主要包括生物化学实验素养、生物制药领域中重要而又常用的生物化学技术的原理和操作要点。第一模块是生物化学实验素养，阐述了生物化学实验室规则、实验环节的具体要求、实验室常用仪器以及6S在实验室管理中的应用。旨在培养学生在实验活动中的态度、习惯和作风等实验素养。第二模块是生化分离技术，主要包括生物大分子提取与分离技术、层析分离技术、离心分离技术和电泳技术等四大龙头技术。其中在生物大分子提取与分离技术中，详细阐述了各种实验材料的预处理过程、固体材料的破碎过程以及提取生物大分子的方法；在层析技术中详细阐述了纸层析、凝胶层析、离子交换层析和亲和层析等技术。在离心分离技术中，阐述了离心机的种类和离心分离的方法。在电泳技术中，重点阐述了聚丙烯酰胺凝胶电泳、琼脂糖凝胶电泳和薄膜电泳等几种常见的电泳方法。第三模块是生化检测技术，包括化学检测技术和分光光度技术两章。化学检测技术主要介绍了糖类、蛋白质和氨基酸、核酸类物质的化学检测方法。分光光度技术介绍了分光光度计的原理、使用方法和对物质进行定性、定量及结构分析等。在编写形式上，在每一模块和每章前都有内容概要，每章都集中一节安排实践操作，每章后还配套了知识与能力测试，让学生结合一些重点内容并可进行思考、练习和实验设计。

本书主要阐述了生物制药领域中重要而又常用的生物化学技术。这些实验内容都是从国内外公开发表的论文著作中选择的，主要参阅了参考文献中所列书目。其中一部分是作者在安徽医学高等专科学校和中国科技大学进行科学研究时亲自做过的，另一部分是编写组老师结合多年的教学、科研成果重新补充修改的。本书可供高等职业院校生物技术及应用专业、生物制药技术专业等相关专业作为实验教材使用，也可作为生物技术类企业、环保、制药等相关行业技术人员的培训教材。

本书由长期工作在教学和生物制药行业一线，具有丰富教学经验和实践工作经验的教师和技术人员编写而成。其中宋小平负责编写第一章、第三章、第六章，并对全书进行了统稿；王雅洁负责编写第四章和第五章；李祥华和沈书文负责编写第四章；胡栋和琚易友负责编写第七章；黄静负责编写第二章；蔡晶晶负责编写第八章。南京金斯瑞生物科技有限公司胡栋和北京百迈客生物科技有限公司李祥华参与部分实验项目的设计和审定工作。

在本书的编写过程中，得到合肥立方药业有限公司高级工程师季俊虬、合肥诚志生物制药有限公司高级工程师王清、中国科技大学 GMP 中试基地工程师李光伟的指导，在此致以衷心的感谢！

虽然本书的内容较之前有了较多的更新，但是由于生物化学技术的发展日新月异，加上作者水平有限，错漏之处，诚请读者批评指正。

编　者

2015 年 08 月

目　录

模块一 生物化学实验素养

实验素养包括学生个体在实验活动中的态度、知识、技能、能力、习惯和作风等诸多方面。生物化学实验素养的高低不仅直接影响学生学习后续的多门实践性课程，而且影响着学生学习能力和解决问题的能力。

本模块着重介绍生物化学实验室规则、实验环节的具体要求、实验室常用仪器以及 6S 在实验室管理中的应用。

第一章 生物化学实验室规则及实验要求

要通过生物化学实验培养学生的实验习惯、实验技能和实验意识，学生必须遵守实验室规则，并认真做好实验的预习、准备、操作、记录、清场和报告的撰写等“六个环节”的工作。

在实验室的日常管理中引入 6S 管理理念，不仅可以提高实验室的管理水平，而且有利于培养学生的工作和生活素质。

第一节 生化实验室规则及常识

1. 遵守实验室纪律，维护秩序，保持安静，按要求穿戴工作服。

2. 实验前认真预习，明确目的，掌握原理，搞清步骤，了解所用器材和试剂，逐步学会合理计划和安排实验时间，计算溶液用量和配制方法，完成预习报告。

3. 实验过程中听从教师指导，认真遵守操作规程和注意事项。

4. 简要、准确、实事求是地记录实验过程(用专用实验记录本)。

5. 课后及时复习总结，并按要求独立完成实验报告。

6. 保持环境和仪器的整洁是完成实验的基本条件，药品、试剂和仪器的放置要井然有序，公共试剂、药品用毕立即放回原处。

7. 要注意保持药品、试剂的纯净，用后立即盖盖，严禁混杂。取出的试剂、标准溶液，如未用尽，切勿倒回原试剂瓶，以免掺混。

8. 尽量节约药品、试剂、材料，爱护仪器。

9. 洗涤和使用玻璃仪器时，应谨慎仔细，防止损坏，公用仪器一旦损坏，应填写破损记录。

10. 挪用干净玻璃仪器时，勿使手指接触仪器内部。

11. 使用贵重精密仪器时，严格遵守操作规程，发现故障立即报告，不要擅自动手拆卸和检修，用后登记使用情况。

12. 废弃溶液可倒入水槽，但强酸、强碱溶液必须先用水稀释后，再放水冲走。废纸及其他固体废物或带渣滓沉淀的废液应倒入垃圾桶内，不得倒入水槽内。强腐蚀性和有毒的废弃试剂和药品应按要求存入指定容器，集中处理。

13. 使用电炉、高速离心机等易出危险的仪器，不得擅自离岗，用毕切记断电。

14. 实验结束后，立即将玻璃仪器等洗净倒置放好，并整理好桌面物品。

15. 值日生负责实验室卫生和安全检查，离开前应检查是否关水、电、门、窗、电扇等，科代表负责最后核查，严防安全隐患事故发生。

16. 对实验内容和安排多提修改意见，做到教学相长，实验中出现的异常现象应积极展开分析和讨论。鼓励自行设计实验，在征得教师的同意后，可利用课内或课外时间开展验证实验。

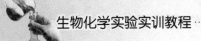

第二节　生化实验“六个环节”的基本要求

要通过实验培养学生的实验习惯、实验技能和实验意识，必须认真做好实验的预习、准备、操作、记录、清场和报告的撰写等“六个环节”的工作。

一、对实验预习的要求

1. 通过预习明确实验的目的，并能在实验过程中随时检查自己有无达到目的。

2. 通过预习基本熟悉原理，并尽量用最简洁的语言进行总结，提炼关键词。

3. 能逐步学会列出所需要的实验器材的种类、规格和数量清单，以及写出所需配制的溶液种类、要求、数量和配制方法。

4. 能逐步根据实验的步骤及所需花费的时间，预先合理安排自己的实验过程，充分利用实验过程中的空余时间，争取又快又好地完成整个项目的训练。

5. 在以上4个预习要求的基础上，撰写实验预习报告。内容包括：

(1) 目的：用最简单的语言概述。

(2) 基本原理：以关键词的形式表示（通过教师讲解后，进一步掌握）。

(3) 需准备的器材种类、规格、数量；所需配制的溶液种类、数量及配制方法。

(4) 主要步骤和方法：用自己的语言提炼或者以流程图表示，最好能预测每步实验现象和结果。

(5) 在实验空余时间内可穿插安排的内容和工作。

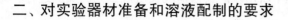

二、对实验器材准备和溶液配制的要求

器材的准备和溶液配制是实验操作中的一个重要和最基本的训练项目，准备器材时要考虑以下几个因素：

(1) 该实验是属于定性还是定量要求的，例如：如果只是定性要求，若需配制一个7%醋酸脱色液作电泳胶脱色用，那么只要准备相应配制体积的量筒即可，而没有必要用容量瓶去定容。而如果需要配制标准溶液用于定量，药品为固体试剂时，需用分析天平称量，使准确度达到0.000 1 g，液体试剂需用吸量管或取液器准确量取，溶解后必须用容量瓶精确定容。

(2) 各种试剂的稳定性和挥发性等理化性质，例如：染色剂等一些在光照下不稳定的物质，必须准备棕色试剂瓶盛放；而如果试剂具有挥发性，则必须选择密塞容器。

(3) 要考虑整个班级分组的情况来准备器材和所需配制溶液的数量。通过教师讲解和任务分配后，对于承担班级配液任务的同学，必须根据所需配制溶液的浓度和体积认真计算，根据该溶液的用途、性质和精度要求写出配制方法，并交同组同学核对无误，再由教师最后复核并签字认可后，方可严格按照配制方法进行配液操作。其他同学需根据讲解要求修订预习报告中的溶液配制方法。

对于玻璃仪器等器材，在实验前一定要清洗干净，洁净的玻璃仪器是实验结果正确的重要保证，各种玻璃仪器的清洗应严格按照正确的洗涤方法，具体内容见第二章。

三、对实验操作过程的要求

在实验操作过程中，应严格遵守操作要求，对注意事项要加以重视，尤其是操作不当可能会造成人身伤害的操作，严防安全事故的发生。

在操作过程中，合理安排好时间，在规定时间内完成实验。还应注意观察现象，随时做好记录，多动脑筋，尤其当出现异常现象时，应首先分析原因。如果实验操作出现失误后，要仔细分析并找到原因后再重做。

对实验安排和方法应多提合理化建议，在完成规定的实验项目任务后，可以自行设计其他的方法，在征得教师同意后，可利用课外时间加以验证。

四、对实验记录的要求

按照要求和规范进行实验记录是实验人员的基本素质和要求。记录是对实验过程的一个真实记载，记载实验进行的日期、实验过程中的各种数据(包括药品的称量值、添加的试剂、样品的测量值、温度和溶液的pH、反应的时间、样品编号与上样顺序等)、观察到的现象等。实验记录是我们分析结果、发现问题、查找错误以及最后撰写实验报告的重要依据，可使整个实验过程具有可追溯性。因此，必须重点记录实验过程和实验结果，在实验记录时做到以下几点：

(1) 持认真、严肃、实事求是的科学态度，严禁弄虚作假，编造和篡改数据。

(2) 使用专用的实验记录本，不得随便记录在便条等容易丢失的地方。且必须保持所有实验记录完整，即使页面损坏或弄脏，不得撕掉其中任何一页。实验记录本中条目之间不得留两行或多行的空白页，用对角线划掉空白区域，并注明日期。

(3) 实验过程:详细记录本次实验过程中所出现的具体情况及所观察到的反应过程。需保留所有的原始记录于实验记录本上。

(4) 实验结果:详细记录实验所获得的各种实验数据及反应现象。记录数据时,不得在实验记录本上随意涂改实验结果,如确需修改,应保留原结果,不能将原来的数据涂黑抹掉,只能用笔轻轻画一横杠,再将正确的数据写在旁边,使原来的数据仍应清晰可辨,并要附有说明和实验指导老师签字。

(5) 所有的书写必须采用蓝色、黑色或蓝黑墨水。不得使用油性笔、记号笔、铅笔、圆珠笔或其他可擦除笔。但画层析图谱或电泳图谱时,则应用 2H 或 H 的硬质铅笔。

(6) 实验记录应清晰明了,并尽量以表格化形式记录。

五、对实验结束工作的要求

在实验完成,记录的结果经教师核查通过后,可进行清场工作,对清场工作的基本要求如下:

(1) 将废液和废渣按规定的要求处理,按要求清洗所用过的各种实验器材,清查各种公用器材和设备的配件是否缺损和遗失,若一切正常,则归还公用的器材和设备(有包装的要进行相应的包装)。

(2) 各小组负责清洁所用的实验台面。

(3) 若为值日生,还应清洁公用实验台面和地面;检查所有实验台面是否清洁,对未清洁干净的实验台面,予以记录和清洁;清洗和检查各种公用器材和设备是否清洁和有无破损或缺失,检查包装情况。

(4) 值日生离开实验室前应检查门、窗、水、电情况。

六、对实验报告的要求

实验报告是从目的、原理到过程和结果的一个总结和分析,写好实验报告,将对整个实验项目能有一个更深的认识和一个质的提高,有利于同学们将理论知识应用于实际,并能训练同学们分析、总结、归纳和书面表达的能力。因此实验报告要求每一个同学认真、独立地完成。

实验报告内容与预习报告内容有些相同,如目的、基本原理和操作步骤,不同的是实验报告内容重点放在结果的记录、计算和分析讨论上,尤其是对预习方案中的一些调整作出分析和讨论。

具体要求如下:

(1) 项目名称:写明本项目的全名(项目或实验名称)。

(2) 实验目的:写明本次实验的名称和具体目的。

(3) 基本原理:以最简单的语言表达,切勿抄袭课本,以便后续分析。

(4) 实验日期:本次实验的年、月、日、时。在实验报告本的每一页右上角填写日期。

(5) 实验材料:所用试剂、标准品、对照品等的名称、来源、厂家、批号、规格及配制方法等。所使用的仪器、设备的名称、厂家、出厂日期、生产批号、规格型号。

(6) 操作步骤:最好以流程图的形式表示。

(7) 实验结果:应根据记录,进行整理和计算,最好以表格或清晰的方式表示。

(8) 分析和讨论:实验报告的重点撰写部分,应首先针对自己的实验结果,做出判断,如结果是否正常,图谱是否清晰,DNA 或蛋白质条带的分子量大小,分离效果是否良好等(有图谱的要将图谱粘贴在实验报告上)，然后对结果进行分析。如果结果不好，则分析可能存在哪些原因(可以通过查阅参考书或参考文献来进行分析)？如何解决？实验的关键步骤，对实践经验和失败的总结。

第三节　实验室 6S 管理

一、6S 的起源

什么是"6S"管理？6S 管理是现代企业管理模式，这一管理法首先在日本的企业应用。由于整理(seiri)、整顿(seiton)、清扫(seiso)、清洁(seiketsu)、素养(shitsuke)的日语罗马拼音均以"S"开头，故最早简称"5S"。我国企业在引进这一管理模式时，加上了英文的"安全(safety)"，因而称"6S"现场管理法。目前，我国有 88.2%的日资企业、68.7%的港资企业实行了这一管理法，有效地推动了管理模式的精益化革新。

二、6S 的含义

1. 整理(seiri)　将实验室内需要与不需要的东西(多余的仪器、设备、试剂、材料、文具等)予以区分。把不需要的东西搬离实验场所，集中并分类予以标识管理，使实验环境只保留需要的东西，让实验室整齐，使实验人员能在舒适的环境中工作。

2. 整顿(seiton)　将前面已区分好的，在实验室需要的东西予以定量、定点并予以标识，存放在要用时能随时可以拿到的地方，如此可以减少因寻找物品而浪费的时间。

3. 清扫(seiso)　就是要把表面及里面(看到的和看不到的地方)的东西清扫干净，使实验室没有垃圾、脏污，设备没有灰尘、油污，也就是将整理、整顿过要用的东西时常予以清扫，保持随时能用的状态，这是第一个目的。第二个目的是在清扫的过程中靠目视、触摸、嗅、听发现不正常的根源并予以改善。

4. 清洁(seiketsu)　就是将整理、整顿、清扫后的清洁状态予以维持，并形成习惯和制度。

5. 素养(shitsuke)　素养最终通过人的行为体现，而且要求全员参与，这里的全员包括所有使用实验室的学生和教师。全员参与实验室的整理、整顿、清扫、清洁的工作，保持整齐、清洁的实验环境，为了做好这个工作需要制定各项相关标准供大家遵守，培养大家遵守规章制度、积极向上的工作习惯、精神面貌，养成良好的文明习惯。

6. 安全(safety)　清除安全隐患，排除险情，预防事故的发生。

三、6S 在实验室日常工作中的实施

1. 清理账上设备　检查、确认可用或者需要报废的设备。将可用的设备分别放置在不同的功能实验室；需要报废的及时清理、销账，腾出空间。同时，检查可用的设备是否处于正常状态。需要维修也就可以心中有数，有利于及时维修，提高设备的完好率，也有利于实验教学的正

常开展。另外，根据要求做到每台设备标识明确，粘贴必要的设备资产标签，保障账、卡、物的对应。

2. 合理布置实验室

(1) 硬件配置：实验室的硬件的要求：宽敞明亮的空间。方便操作、保障生均面积、确保安全(人身、设备)，为了防尘，需要双层窗户及窗帘；照明达到要求；有需要的房间要设置通风橱，有利于有害气体的排放(也要符合国家要求)；有需要的还要考虑设置沉淀池。每间实验室配置一个灭火器，定期年检。还需要必要的资料柜、储物柜。

(2) 软件配置：实验室规则的制定、张贴；必要的仪器操作说明书、实验操作规程、有关测试要求的国家标准，打印出来放在有关测试设备的附近或是资料柜中；同时，可以作为工具性书籍的有关论文、资料，打印出来供有关人员参考。

3. 试剂、耗材、工具以及实验样品分门别类　实验中会涉及许多试剂、耗材、工具以及实验样品，分门别类放置上述物品，做到取放清晰。为此，设立了试剂柜、耗材柜、工具柜及样品柜，标识清晰。实验室需要的药品专柜保存、储备。

4. 建立严格的清洁制度　值班人员常驻的实验室保证每天清洁；其他有关实验室保证每周2次的基本清理(桌面、地面)。每个学期，各个实验室进行一次全面的清理(包括设备的检护)。通过实验室专职实验员、勤工俭学同学以及实验课的值日生，共同完成。

5. 各种管理文件规范成文　制定实验室各项规范制度的文本的同时，装订成册，摆放在明显位置，告知每位工作人员。规范应涉及实验室日常工作的各个方面。比如，日常工作细致分工的条例；实验室开放办法和使用规范、勤工俭学同学的管理等等。

知识与能力测试

1. 对实验预习报告的书写有哪些要求？
2. 实验器材准备和溶液配制有哪些要求？
3. 如何记录实验结果？
4. 实验结束时如何做好清场工作？
5. 撰写实验报告时应注意什么？
6. 什么是6S？实验室6S管理具体有哪些要求？

第二章　生物化学实验常用仪器的洗涤、使用与维护

洗涤玻璃仪器不仅是一项必须做的实验前的准备工作，也是一项技术性的工作。仪器洗涤符合要求，实验结果才会准确和可靠，这对定量分析尤其重要。

“工欲善其事，必先利其器”，生物化学实验常用仪器包括吸量管、微量取液器、小型台式离心机、pH 计、紫外可见分光光度计等。认识这些常用仪器的结构、规范操作并进行日常维护是生化实验素养的基本要求。

本章重点介绍吸量管、微量取液器、小型台式离心机和 pH 计这四种仪器，由于紫外可见分光光度计的应用范围非常广，专题安排在第三模块第八章详细介绍。

第一节　玻璃仪器的洗涤

一、常用玻璃仪器

玻璃仪器是生物化学实验和实训中不可缺少的器具。玻璃仪器的清洁与否，直接影响到结果的准确性。因此，玻璃仪器的清洗工作是非常重要的。

1. 新购置玻璃仪器清洗　新购置的玻璃仪器表面附有一层游离碱性物质，因此新购置玻璃仪器要先用肥皂水(或玻璃洗涤剂浸泡洗涤)，用流水冲洗，晾干后，浸泡于 1%～2% HCl 溶液中，过夜，再用流水冲洗，最后用蒸馏水润洗 2～3 次，放入干燥箱中烘干或晾干备用。

2. 使用过的玻璃仪器清洗

(1) 一般玻璃仪器：试管、烧杯、三角烧瓶等一般玻璃仪器，使用后要先用自来水冲洗至无污物，再选用大小适宜的毛刷蘸取去污粉或肥皂水等，将器皿内外壁细心刷洗，再用自来水冲洗干净，洗至容器内壁光洁不挂水珠为止。最后用蒸馏水润洗 2～3 次，倒置在清洁处晾干，急用时可用干燥箱在60～80 ℃烘干。

(2) 容量仪器：吸量管、滴定管、容量瓶等容量仪器，使用后应立即浸泡于清水中，勿使污物干涸，并及时用流水冲洗干净，晾干后于重铬酸钾洗液中浸泡数小时，然后用自来水反复冲洗干净，最后用蒸馏水润洗 2～3 次，晾干备用。

(3) 盛过蛋白质的玻璃仪器：盛过蛋白质的玻璃仪器使用后要马上清洗或马上泡入清水中，若干涸后必须要用生理盐水浸泡，待蛋白质溶解后再用清水冲洗。也可使用尿素洗液来溶

解蛋白质。待蛋白质溶解后，再用自来水反复冲洗干净，最后用蒸馏水润洗 2～3 次，晾干备用。

(4) 比色杯(或称比色皿)：比色杯使用后立即用自来水或蒸馏水反复冲洗干净(只能用手拿其毛面，不要触碰光面)。如洗不干净时，可用盐酸或适当溶剂冲洗，再用自来水冲洗干净，切忌用试管刷或粗糙的布以及纸擦洗，以免损坏比色杯的透光度，亦要避免用较强的碱性或强氧化剂清洁(因为这些物质会腐蚀玻璃)，洗净后用蒸馏水润洗，并倒置晾干备用。

二、常用清洗液

1. 肥皂水、洗衣粉溶液和去污粉　这些是最常用的洗涤剂，有乳化作用，可除去污垢，能使脂肪、蛋白质及其他黏着性物质溶解或松弛，一般玻璃仪器可直接用肥皂水浸泡或刷洗，然后用自来水洗净，蒸馏水润洗 2～3 次。

2. 玻璃洗涤剂　一般的玻璃仪器也可浸泡于玻璃洗涤剂洗液(一般为表面活性剂，具有乳化作用)中几个小时或过夜，取出后用自来水洗净，蒸馏水润洗 2～3 次。

3. 重铬酸钾洗液(铬酸洗液，简称洗液)

(1) 原理：清洁效力主要是应用了其强氧化性和强酸性。

$$K_2CrO_7 + H_2SO_4(\text{浓}) \longrightarrow H_2CrO_7(\text{铬酸}) + K_2SO_4$$

(或 Na_2CrO_7)　　　　↓

重铬酸钾(钠)　$2CrO_3$(铬酐，红色)$+H_2O$

$$2CrO_3(\text{铬酐}) \longrightarrow CrO_3(\text{绿色}) + 3[O]$$

$$H_2SO_4 \longrightarrow H_2O + SO_2 + [O]$$

[O]具有良好的清洁效力，铬酐越多，硫酸越浓，其清洁效力越强，当洗液变绿色后则不宜再使用。

(2) 配制：配制重铬酸钾洗液一定要注意安全防护。下面给出一个配制实例：

称取 $K_2Cr_2O_7$ 20 g 于 500 ml 烧杯中，加热水 40 ml，搅拌使其溶解(也可隔石棉网加热溶解)，慢慢注入工业用浓硫酸 360 ml，边加边搅拌，尽量避免红色铬酐沉淀析出，此时溶液由红黄色变为黑褐色(即酱油色)。冷却后，贮于指定容器内并盖紧以免吸水。注意：切不可把重铬酸钾直接加入浓硫酸中。

新配制的重铬酸钾洗液呈棕红色，当清洗液的颜色呈绿色时，说明效力降低，应重新配制。

(3) 使用：使用铬酸洗液前必须将玻璃仪器用自来水冲洗数次，并将仪器上的水分尽量除去，再放入洗液中浸泡(否则会稀释洗液，缩短洗液的使用寿命)，数小时后取出，用自来水冲洗至无洗液为止(冲洗时注意勿将洗液溅出水槽)，再用少量蒸馏水润洗数次，晾干备用。

三、特殊清洗液

上述几种洗涤液是最常用的，实验实训中如果遇到一些特殊污物，还需要一些针对性强的洗涤液。下面介绍几种特殊洗液。

1. 磷酸三钠洗液　50 g/L $Na_3PO_4 \cdot 12H_2O$ 的水溶液，具有碱性，可洗涤油污物，但用这种洗液清洗后的仪器不宜做磷的测定。

2. 乙二胺四乙酸二钠洗液(EDTA)洗液 50～100 g/L 的 EDTA 洗液，加热煮沸可洗脱玻璃内壁的钙镁盐类白色沉淀和不易溶解的重金属盐类。

3. 尿素洗液 45%(7.5 mol/L)尿素水溶液，可用来洗血污，是蛋白质的最好溶剂。

4. 草酸洗涤液 5%的草酸洗涤液可洗脱 $KMnO_4$ 痕迹，同时加数滴硫酸酸化效果更好。

5. 盐酸-乙醇溶液 3%盐酸-乙醇溶液，可除去玻璃器皿上染料附着物。

6. 有机溶剂 有机溶剂如丙酮、乙醚、乙醇等可用于洗涤油脂、脂溶性染料污痕。

第二节 常用仪器的使用

一、吸量管

吸量管是生物化学实验中的常用仪器，测定结果的准确度与吸量管的正确使用密切相关，而测定结果的准确度在药品和生物制品等的实验、生产和质量检验中非常重要。

(一) 吸量管的分类

1. 刻度吸量管(简称吸管或 pipet) 供量取 10 ml 以下任意体积的液体时使用。每根习惯上都有许多等分刻度，如图 2-1 所示。

有些旧制吸量管的上端标有“吹”字，此类吸量管称为完全流出式吸量管，当量取的溶液流出后，需用洗耳球将管内残留液体完全吹出。

若吸量管上端未标有“吹”字，则残留管尖的液体不必吹出，此类吸量管称不完全流出式吸量管。

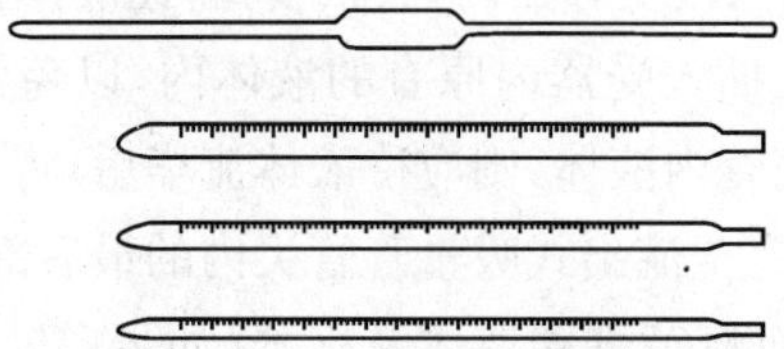

图 2-1 移液管和吸量管

新式吸量管一般都是不完全流出式，且下端没有零刻度或总刻度，为便于准确快速地选取所需要的吸量管，国际标准化组织(ISO)统一规定在刻度吸量管的上口端印上各种彩色环，常用吸量管的量程标识见表 2-1。

表 2-1 常用吸量管的彩色环标识

量程/ml	0.5	1	2	5	10
色标	绿	黄	黑	红	橘红

2. 移液管 供准确量取 5 ml、10 ml、25 ml 等较大体积液体时用。在管中部有膨大部分，每根管上只有一个单一刻度，待液体流毕后，将管尖在接受容器内壁上继续停留 15 秒，注意不

要吹出管尖内的最后部分，如图 2－1。

（二）使用

1. 选择适当量程的吸量管　使用前应根据需要量取的液体体积选择适当的吸量管，刻度吸量管的总容量最好等于或稍大于最大取液量。如欲量取 1.8 ml 的液体一般应选用 2 ml 的刻度吸量管，而不要选取 5 ml 的吸量管，这样才能保证所量取液体体积的准确度。吸量管选定后，临用前要看清欲量取的容量和刻度位置。

2. 正确执管　一般以右手执管，左手持洗耳球，用拇指和中指（辅以无名指）拿住吸量管的上部，用食指堵住管上口和控制液流，刻度数字要对向自己。

3. 量取溶液　另一只手捏压洗耳球，预先排除洗耳球内气体，将吸量管插入液体内适当位置（如 2～3 cm，不得悬空或插入太浅，以免抽空后液体吸入洗耳球内；但也最好不要插入液体底部，以免吸入一些沉淀物），用洗耳球将液体吸至欲量取刻度上端 1～2 cm 处，然后迅速用食指按紧吸管上口，使液体不至于从管下口流出。若一次量取未到所需刻度线，可先用食指堵住上口，用另一只手重新将洗耳球捏扁，再次量取，直至所需刻度线上端 1～2 cm 处，如图 2－2 所示。

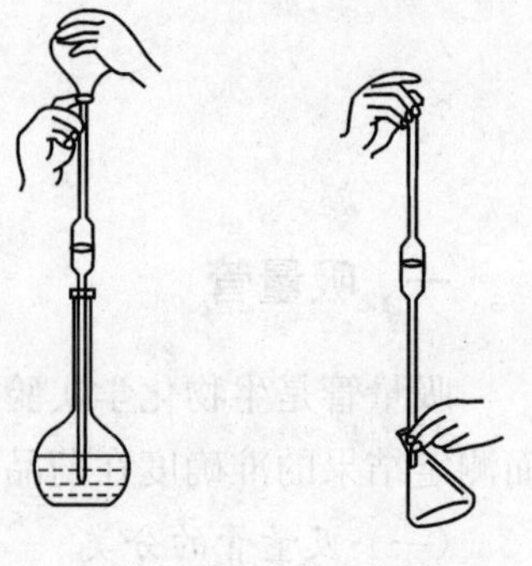

图 2－2　吸取溶液和放出溶液

4. 调准刻度　将吸量管提出液面，并在瓶口处稍停留一会儿，让吸量管外壁上的液体流下。若吸黏性较大的液体时（如甘油等），先用干净滤纸擦干管尖外壁。吸量管应垂直，盛溶液的瓶子倾斜于吸量管成一定角度（45°），管尖接触瓶内壁，然后用食指控制液流使之缓慢下降至所需刻度线（无色或浅色溶液使液体的凹面、眼睛视线和刻度线应在同一水平面上；深色溶液使溶液的上缘、视线和刻度线在同一水平面上），立即用食指按紧吸量管上口，取出吸管。

5. 放出量取液　将吸管插入接受容器内，放松食指，让液体自然流入接受容器内，放液时，管尖最好接触受器内壁，但不要插入受器内原有的液体内，以免污染吸量管和试剂，如图 2－2 所示。对新式吸量管，如需放完管内液体，则应待液体流毕后，将管尖在接受容器内壁上继续停留 5 秒左右。注意不要吹出不完全流出式吸量管管尖内的最后部分。

6. 洗涤吸量管　吸血液、血清等黏稠液体及标本（如蛋白液、尿液等）的吸量管，使用后应及时用自来水冲洗干净。吸一般试剂的吸量管可不必马上冲洗，但实验实训完毕后应按要求将其冲洗干净，然后按“容量仪器的洗涤方法”进行洗涤。

二、微量移液器（micropipet）

（一）种类

目前微量移液器的使用越来越普遍，微量移液器常用来量取不大于 1 ml 的任意体积的溶液，准确度随量程不同而不同，但现在也逐渐有一些量取更大体积的移液器。单孔（单通道）移液器（图 2－3）的常见量程规格有 10 μl、20 μl、100 μl、200 μl、1 000 μl 等，但在分子生物学实验操作中也常用到 1 μl、2 μl、5 μl 等量取小体积液体的移液器。随着微孔板（microplate）的广泛使用，排孔式（多通道）移液器（图 2－4）的使用越来越多，常见的量程规格有 50 μl 和 300 μl 等，可同时安装 8 个或 12 个吸头(tips)，能快速完成微孔板的加液工作。

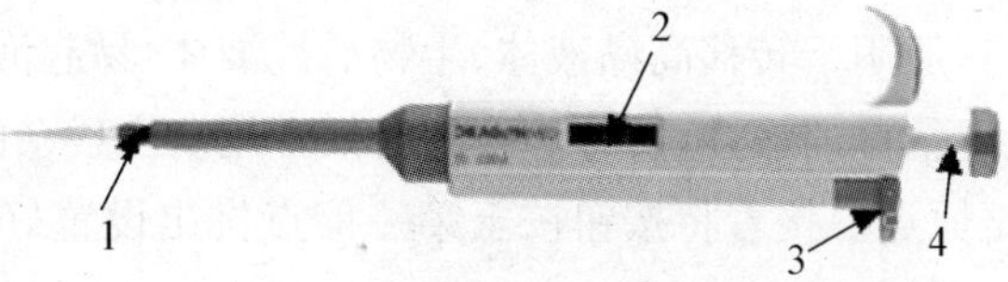

图 2－3　单孔(单通道)移液器

1. 安装吸头处；2. 体积读数窗口；3. 退吸头按钮；4. 体积调节旋钮及取液、放液按钮

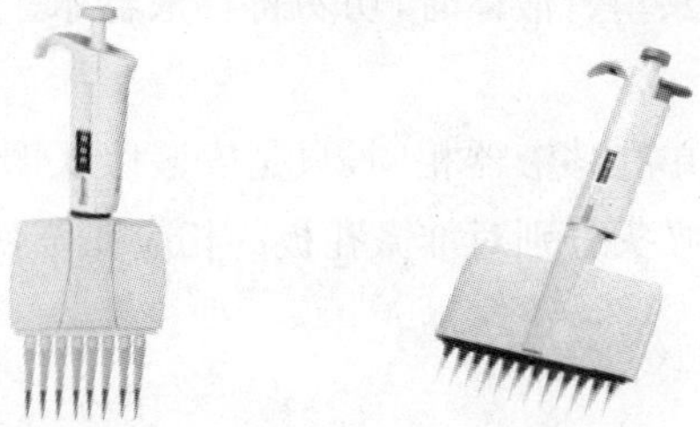

图 2－4　安装了吸头的排孔式(8 通道及 12 通道)取液器

(二) 使用

实际工作中，单孔移液器较为常见。单孔移液器的使用操作步骤主要包括以下几点。

1. 移液器的选择　使用前先根据需要量取的体积，选择合适的移液器，一般移液器的量程应最好等于或稍大于最大移液量，如要量取 99.5 μl 溶液，最好选择量程为 100 μl 的移液器，要量取 12 μl 溶液，最好选择量程为 20 μl 的移液器。

2. 安装吸头　对于放置于吸头盒内的吸头，安装时将移液器安装吸头处垂直向下对准欲安装的吸头，往下按紧后顺时针旋转 90°，旋紧后即可取出。对于未放置于吸头盒内的吸头，可用手拿住吸头尾部(注意切勿用手接触吸头端部，否则会造成吸头污染进而使试剂污染)，对准按紧后旋转。

3. 设定所需要量取的体积　用体积调节螺旋旋钮进行调节，如果要从大体积调为小体积，则按照正常的调节方法，顺时针旋转旋钮，直至体积读数窗口中为所需量取的体积。但如果要从小体积调为大体积时，可先逆时针旋转刻度旋钮至超过需要量程的刻度，再回调至设定体积，这样可以保证量取的最高精确度。注意在该过程中，切勿将按钮旋出量程，否则会卡住内部机械装置而损坏移液器及影响移液器的精度。

4. 移液　移液时，移液器保持竖直状态，把吸头稍垂直进入液面下(0.1～10 μl 容量的移液器进入液面下 1～2 mm，2～200 μl 容量的移液器进入液面下 2～3 mm，1～5 ml 容量的移液器进入液面下 3～6 mm)。在吸液之前，可以先吸放几次液体以润湿吸液嘴(尤其是要吸取黏稠或密度与水不同的液体时)。这时可以采取两种移液方法。

前进移液法：用右手握住移液器，移液器较厚部分对准掌心，大拇指按下“取液、放液旋钮”

至“第一停点(first stop)”,然后慢慢松开按钮回原点。接着将按钮按至第一停点排出液体,稍停片刻继续按按钮至第二停点吹出残余的液体。最后松开按钮。

反向移液法。此法一般用于转移高黏液体、生物活性液体、易起泡液体或极微量的液体,其原理就是先吸入多于设置量程的液体,转移液体的时候不用吹出残余的液体。先按下按钮至第二停点,慢慢松开按钮至原点。接着将按钮按至第一停点排出设置好量程的液体,继续保持按住按钮位于第一停点(千万别再往下按)。

5. 退吸头　按“退吸头按钮”即可退下吸头。

6. 移液器的正确放置　使用完毕,将移液器调回最大量程,并将其竖直挂在移液器架上,要小心别掉下来。当移液器吸头里有液体时,切勿将移液器水平放置或倒置,以免液体倒流腐蚀活塞弹簧。

排孔移液器的使用基本与单孔移液器相同,只是安装吸头时应保证每个孔都安装紧密,如图 2-4 所示,放液时应将各个吸头分别对准微孔板的相应孔位,另外要注意每个吸头所吸取的液量要保证完全相同。

(三) 维护

1. 使用完毕,将其竖直挂在移液枪架上,小心不要坠落下来。
2. 当移液器枪头里有液体时,切勿将移液器水平放置或倒置,以免液体倒流腐蚀活塞弹簧。
3. 如不使用,要把移液器的量程调至最大值的刻度,使弹簧处于松弛状态以保护弹簧。
4. 最好定期清洗移液器,可以用肥皂水或60%的异丙醇,再用蒸馏水清洗,自然晾干。
5. 活塞在清洁或拆卸后要用硅脂涂抹上一层。
6. 移液器内部被液体污染,可由专业老师拆卸清洗。

三、小型台式离心机

具有体积小、轻便灵活、噪音低、温升小、使用效率高、安全可靠等优点。适用于样品量少、分离步骤多的实验实训分析工作,调速范围(rpm):0~16 000,容量:1.5 ml×12。

(一) 仪器控制面板含义

数码管:显示仪器转速、时间等参数。

指示灯:数码管显示参数时,该参数对应的指示灯亮。

选择键:按该键可使指示灯切换点亮,同时数码管显示相应的参数。

◢ 数字选择换位键:按此键可使数码管闪烁位左移。

▲ 增键:按此键可使数码管闪烁位由 0~9 变化。

▼ 减键:按此键可使数码管闪烁位由 9~0 变化。

记忆键:按此键储存所修改的参数值。

开/关键:启动或停止离心机。

(二) 使用方法

1. 将样品放入离心管内,两两配平,并将其对称放入转头。

2. 拧紧转轴螺母，盖好离心机盖门，将仪器接上电源后打开仪器后面的电源开关，此时数码管显示“0000”。

3. 设置转速、温度、时间。按功能键时，相应的指示灯点亮，数码管即显示该参数值，此时可用数字选择换位键、增键、减键相结合调整该参数至需要的值，并按记忆键确认储存。

4. 按开键启动仪器。

（三）注意事项

1. 使用离心机时，必须要注意以下四点：

①负荷平衡、对称放置；②开机前检查转速是否已调至最小；③缓慢升速；④待离心机停稳后，方可打开离心机盖取出样品

2. 实验完毕后，须将离心机擦拭干净，以防腐蚀。

3. 使用结束后，请关闭后面的电源开关，拔掉电源插头。

四、pH 计

pH 计，又称酸度计，用于测量水溶液 pH 的一种仪器，广泛应用于工业、农业、科研、环保等领域。使用中若能够合理维护电极、按要求配制标准缓冲液和正确操作，可大大减小 pH 误差，从而提高化学实验、生物实验及医学检验数据的可靠性。

测量溶液 pH 的方法很多，主要有化学分析法、试纸分析法、电位分析法。电位分析法是通过测量电池电动势来确定待测离子的浓度（严格说是活度）的方法。电位分析法具有选择性好、灵敏度高、分析速度快、设备简单、操作方便的特点，因此是一种应用很广的分析方法。本节主要介绍电位法测得 pH。

（一）pH 计的工作原理

pH 计由复合电极和电流计两部分组成，其中复合电极是由玻璃电极（测量电极）和银～氯化银电极（参比电极）合在一起的。参比电极的基本功能是维持一个恒定的电位，作为测量各种偏离电位的对照，银～氯化银（Ag/AgCl）电极是目前 pH 中最常用的参比电极。玻璃电极的功能是建立一个对所测量溶液的氢离子活度发生变化作出反应的电位差。玻璃电极头部球泡是由特殊配方的玻璃薄膜制成，它仅对氢离子有敏感作用，当它浸入被测溶液内，则被测溶液中氢离子与电极球泡表面水化层进行离子交换，形成一电位球泡内层。球泡内外产生一电位差，此电位差随外层氢离子浓度的变化而改变。由于电极内部的溶液氢离子浓度不变，所以只要测出此电位差就可知被测溶液的 pH。因其电位差非常小，且电路的阻抗又非常大（1～100 MΩ）；因此，必须把信号放大。电流计的功能就是将电位差放大若干倍，放大了的信号通过电表显示出，而数字式 pH 计则直接以数字显出 pH。

所测量溶液的氢离子活度发生变化时，玻璃电极和参比电极之间的电动势也会引起变化，电动势变化符合能斯特方程：

$$E = E_0 - 2.302\,6\frac{RT}{F}\mathrm{pH}$$

式中：E——电位；

E_0——电极的标准电压；

R——气体常数 8.314/(mol·K)；

T——绝对温度(273± ℃)；

F——法拉第常数(9.649 5×10^4 C/mol)；

pH——被测溶液 pH 与内溶液 pH 之差。

（二）pH 计的结构

pH 计有台式、便携式等种类，用于实验室或生产在线用。目前较为广泛使用的是数显式 PHS-3 系列精密 pH 计，如图 2-5 所示。由复合电极和电流计两部分组成。其中复合电极主要由电极球泡、玻璃支持杆、内参比电极、内参比溶液、外壳、外参比电极、外参比溶液、液接界、电极帽、电极导线、插口等组成，如图 2-6 所示。根据测量电极与参比电极组成的工作电池在溶液中测得的电位差，并利用待测溶液的 pH 与工作电池的电势大小之间的线性关系，再通过电流计转换成 pH 单位数值来实现测定。

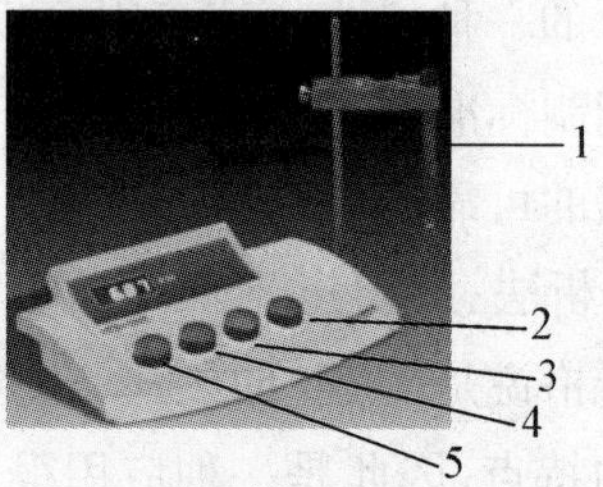

1. 复合电极
2. 电源开关
   pH、mV选择旋钮
3. 定位旋钮
4. 温补旋钮
5. 斜率旋钮

图 2-5　PHS-3D 型精密 pH 计

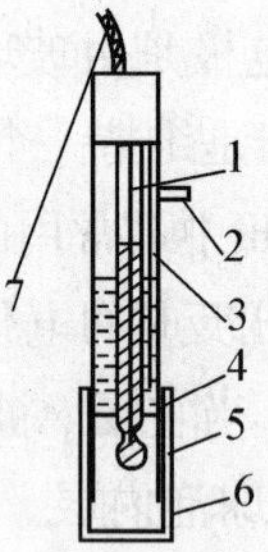

1. pH玻璃电极
2. 胶皮帽
3. Ag·AgCl参比电极
4. 参比电极底部陶瓷芯
5. 塑料保护栅
6. 塑料保护帽
7. 电极引出端

图 2-6　复合电极的结构

（三）pH 计的使用

第一次使用的 pH 电极或长期停用的 pH 电极，在使用前必须在 3 mol/L 氯化钾溶液中浸泡 24 h。

1. 标准溶液标定

(1) 打开电源开关，按 pH/mV，仪器进入 pH 测量状态。

(2) 按“模式”键一次，使仪器进入溶液温度调节状态(此时温度单位 ℃指示灯闪亮)，按

"△"键或"▽"键调节温度显示数值上升或下降，使温度显示值和溶液温度一致，然后按"确认"键，仪器确认溶液温度值后回到 pH 测量状态。

(3) 把用蒸馏水清洗过的电极插入 pH=6.86(或 pH=9.18)的标准缓冲液中，待读数稳定后按"模式"键二次(此时 pH 指示值全部锁定，液晶显示器下方显示"定位"，表示仪器在定位状态)，然后按"确认"键，仪器显示该温度下标准缓冲液的标定值。

(4) 把用蒸馏水清洗过的电极插入 pH=4.0 的标准缓冲液中，待读数稳定后按"模式"键三次(此时 pH 指示值全部锁定，液晶显示器下方显示"斜率"，表示仪器在斜率测定状态)，然后按"确认"键，仪器显示该温度下标准缓冲液的标定值。然后再按"确认"键，仪器自动进入 pH 测量状态。

2. 测量 pH　经标定过的仪器，即可用来测量被测溶液，根据被测溶液与标定溶液温度是否相同，其测量步骤也有所不同，具体操作步骤如下：

(1) 被测溶液与标定溶液温度相同时，测量步骤如下：

①用蒸馏水清洗电极头部，再用被测溶液清洗一次；

②把电极浸入被测溶液中，用玻璃棒搅拌溶液，使其均匀，在显示屏上读出溶液的 pH。

(2) 被测溶液与标定溶液温度不同时，测量步骤如下：

①用蒸馏水清洗电极头部，再用被测溶液清洗一次；

②用温度计测出被测溶液的温度值；

③按"模式"键一次，使仪器进入溶液温度状态(此时 ℃单位指示灯闪亮)，按"△"键或"▽"键调节温度显示数值上升或下降，使温度显示值和被测溶液温度值一致，然后按"确认"键，仪器确认溶液温度值后回到 pH 测量状态；

④把电极浸入被测溶液中，用玻璃棒搅拌溶液，使其均匀，在显示屏上读出溶液的 pH。

(四) pH 计的维护保养

1. pH 电极使用前必须浸泡　因为 pH 球泡是一种特殊的玻璃膜，在玻璃膜表面有一很薄的水合凝胶层，它只有在充分湿润的条件下才能与溶液中的 H^+ 离子有良好的响应。同时，玻璃电极经过浸泡，可以使不对称电势大大下降并趋向稳定。pH 玻璃电极一般可以用蒸馏水或 pH=4 缓冲溶液浸泡。浸泡时间 8 h 至 24 h 或更长。

同时，参比电极的液接界也需要浸泡。因为如果液接界干涸会使液接界电势增大或不稳定，参比电极的浸泡液必须和参比电极的外参比溶液一致，浸泡时间一般几小时即可。因此，对 pH 复合电极而言，就必须浸泡在饱和的 KCl 中，这样才能对玻璃球泡和液接界同时起作用。pH 复合电极头部装有一个密封的塑料小瓶，内装电极浸泡液，电极头长期浸泡其中，使用时拔出洗净就可以，非常方便。对延长电极寿命也是非常有利的。

2. 电极的存放　电极存放的依据是使保存液与填充液相同。长期保存放在 3 mol/L KCl 溶液中。

注意：①决不能把电极干放。②不要把电极储存在蒸馏水中。③pH 电极也不能浸泡在中性或碱性的缓冲溶液中，长期浸泡在此类溶液中会使 pH 玻璃膜响应迟钝。

3. 电极的保养　电极不使用时，按正确的方法存放电极。

电极使用一段时间后，若发现斜率变低、响应速度变慢等情况，可尝试下列方法。

(1) 若测量样品中含有蛋白质，可用胃蛋白酶/盐酸洗液清洗电极膜。

(2) 若测量样品为油性/有机液体，可用丙酮或乙醇冲洗。

(3) 活化电极膜。活化方法：电极再生液浸泡 30 秒或 0.1 mol/L HCl 浸泡 12 h 后，再用 3 mol/L KCl 溶液浸泡 24 h。

第三节　溶液混匀的仪器及方法

样品与试剂的混匀是保证化学反应充分进行的一种有效措施，溶液混匀时需防止容器内液体溅出或被污染，严禁用手指直接堵塞试管口或三角瓶口振摇。另外，对于蛋白质样品如果剧烈混匀，会产生大量气泡，还可能会造成蛋白质变性；DNA 样品若剧烈混匀，可能造成分子被机械作用力剪切打断，所以，对于蛋白质、DNA 这些样品应温和地混匀。因此，溶液混匀时应根据样品的种类、所使用的器皿和容量而选用适当的方式，常用的溶液混匀方法大致有如下几种：

一、电磁搅拌混匀法

在电磁搅拌器或称磁力搅拌器（图 2－7）上放置烧杯，在烧杯内放入封闭于玻璃或塑料中的小铁棒（搅拌子），利用磁力搅拌子旋转以达到混匀烧杯中溶液的目的。适用于透析、酸碱自动滴定、pH 调节、pH 梯度滴定、固体物质的溶解等，混匀强度通过搅拌速度控制。

图 2－7　电磁搅拌器

二、漩涡振荡器混匀法

利用漩涡混合器（图 2－8）和平板振荡器（图 2－9）使容器中的内容物或沉淀物振荡，达到混匀的目的。其中平板振荡器主要用于微孔板内容物、染色液及洗膜液等的混匀。

图 2－8　漩涡混合器

图 2－9　平板振荡器

三、旋转混匀法

用手持容器，使溶液作离心旋转，适用于未装满液体的试管或小口器皿，如三角烧瓶。旋转试管时最好用手腕旋转。此种混匀方法较温和。

四、指弹混匀法

左手持试管上端，用右手指轻轻弹动试管下部，使管内溶液作漩涡运动而混匀。该种混匀法适合少量样品的混匀，并随指弹力度不同混匀强度不同。

五、倒转混匀法

适用于有塞的量筒、容量瓶以及试管内容物的混匀，一般试管内容物的混匀可用聚乙烯膜或石蜡膜(parafilm)封口，再用手按住管口倒转混匀，但应注意防止内容物溢出和泄露。

六、吸量管混匀法

用吸量管将溶液反复吸放数次，使溶液充分混匀。该法混匀强度较为混合。

七、玻棒搅动法

适用于烧杯内容物的混匀，如固体试剂的溶解、液体试剂的稀释和混匀。随搅拌速度不同混匀强度不同。

八、甩动混匀法

右手持试管上部，轻轻甩动振摇，即可混匀。若液体量较多，可用手掌作垫甩动。该混匀法较为剧烈。

第四节 实践训练

实验 2-1 吸量管和微量移液器的使用

【实验目的】

1. 认识不同类型的吸量管；熟练规范地使用吸量管对溶液进行稀释。
2. 认识不同量程的微量移液器；熟练规范地使用两种方法转移液体；学会维护微量移液器。

【实验内容】

1. 使用吸量管将原液进行 10^{-1}、10^{-2}、10^{-3} 3 个不同浓度的稀释，每个稀释度 10 ml。
2. 使用微量移液器量取 2 μl、13.5 μl、95.6 μl、1 350 μl 的溶液。

【主要仪器、设备和实验用品】

待稀释原液(如菌液),1 ml、10 ml 吸量管,蒸馏水,微量移液器。

【实验操作】

实验内容一:使用吸量管将原液进行 10^{-1}、10^{-2}、10^{-3} 3 个不同浓度的稀释,每个稀释度 10 ml。

1. 取 3 支干净的空白试管,用记号笔编上 10^{-1}、10^{-2}、10^{-3}。
2. 用 10 ml 吸量管正确吸取 9 ml 蒸馏水分别放到 10^{-1}、10^{-2}、10^{-3}试管里。
3. 用 1 ml 吸量管取待稀释原液 1 ml,放入 10^{-1}试管里,使之充分混匀,即为稀释 10^{-1}的溶液。
4. 用另外一支 1 ml 吸量管取 10^{-1}的稀释液 1 ml,放入 10^{-2}试管里,使之充分混匀,即为稀释 10^{-2}的溶液。
5. 同法稀释至 10^{-3}稀释液,便得到梯度稀释。

实验内容二:用微量移液器,使用两种移液方法分别量取 2 μl、13.5 μl、95.6 μl、1 350 μl 的溶液。

实验 2-2 精密 pH 计的使用

【实验目的】

1. 认识精密 pH 计的结构;了解 pH 计测定原理。
2. 使用精密 pH 计测定待测液的 pH。
3. 学会正确地维护保养 pH 计。

【实验内容】

1. PHS-3D 型精密 pH 计的结构和原理。
2. 使用 PHS-3D 型精密 pH 计测定待测液的 pH。
3. PHS-3D 型精密 pH 计的维护保养。

【主要仪器、设备和实验用品】

PHS-3D 型精密 pH 计,蒸馏水,待测液,滤纸,pH 标定缓冲液,饱和 KCl 溶液、废液缸。

【实验操作】

一、pH 计的标定

1. 打开电源开关,按 pH/mV,仪器进入 pH 测量状态。
2. 按"模式"键一次,使仪器进入溶液温度调节状态(此时温度单位 ℃指示灯闪亮),按"△"键或"▽"键调节温度,使温度显示值和溶液温度一致,然后按"确认"键,仪器确认溶液温度值后回到 pH 测量状态。
3. 把用蒸馏水清洗过的电极插入 pH=6.86(或 pH=9.18)的标准缓冲液中,待读数稳定后按"模式"键二次,然后按"确认"键,仪器显示该温度下标准缓冲液的标定值。
4. 把用蒸馏水清洗过的电极插入 pH=4.0 的标准缓冲液中,待读数稳定后按"模式"键三次,然后按"确认"键,仪器显示该温度下标准缓冲液的标定值。
5. 按"确认"键,仪器自动进入 pH 测量状态。

二、测量待测液的 pH

1. 如果被测溶液与标定溶液温度相同时，测量步骤如下：

（1）用蒸馏水清洗电极头部，再用被测溶液清洗一次；

（2）把电极浸入被测溶液中，用玻璃棒搅拌溶液，使其均匀，在显示屏上读出溶液的 pH。

2. 被测溶液与标定溶液温度不同时，测量步骤如下：

（1）用蒸馏水清洗电极头部，再用被测溶液清洗一次；

（2）用温度计测出被测溶液的温度值；

（3）按“模式”键一次，使仪器进入溶液温度状态（此时 ℃单位指示灯闪亮），按“△”键或“▽”键调节温度显示数值上升或下降，使温度显示值和被测溶液温度值一致，然后按“确认”键，仪器确认溶液温度值后回到 pH 测量状态。

（4）把电极浸入被测溶液中，用玻璃棒搅拌溶液，使其均匀，在显示屏上读出溶液的 pH。

【注意事项】

1. 电极在测量前必须用已知 pH 的标准缓冲液进行定位校准，其 pH 愈接近被测 pH 愈好。

2. 在每次校准、测量后进行下一次操作前，应该用蒸馏水充分清洗电极，再用被测液清洗一次电极。

3. 取下电极保护套后，应避免电极的敏感玻璃泡与硬物接触。

4. 测量结束，用蒸馏水清洗电极，及时套上电极保护套，电极内应放少量外参比补充液，以保持电极球泡的湿润，切忌浸泡在蒸馏水中。

5. 复合电极的外参比补充液为 3 mol/L 氯化钾溶液，补充液可以从电极上端小孔加入。

实验 2－3　小型台式离心机的使用

【实验目的】

1. 熟悉离心分离的基本原理，掌握离心机的操作方法及注意事项。

2. 掌握菌体的质量测定的方法。

【实验原理】

当物体围绕一中心轴做圆周运动时，运动物体就受到低速离心机离心力的作用。旋转的速度越高，运动物体所受到的离心力就越大。如果装有悬浮液的容器进行高速水平旋转，强大的离心力作用于溶剂中的悬浮颗粒，会使其沿着离心力的方向运动而逐渐背离中心轴。在相同转速条件下，容器中不同大小的悬浮颗粒会以不同的速率沉降，经过一定时间的离心操作，就有可能实现不同悬浮颗粒或高分子溶质的有效分离。

【实验仪器、材料及试剂】

1. 实训仪器　低速离心机，离心管，天平，10 ml 移液管，洗耳球等。

2. 材料及试剂　啤酒酵母菌种，YPD 合成培养基。

【实验操作】

（一）酵母菌的培养

1. 菌种活化　酵母菌种转接至固体斜面培养基上，28～30 ℃培养 3～4 天，培养成熟后用接种环取一环酵母菌至 8 ml 液体培养基中，180～200 r/min，28～30 ℃培养 24 小时。

2. 扩大培养　将培养成熟的 8 ml 液体培养基中的酵母菌全部转接至含 80 ml 液体培养基的三角瓶中，28～30 ℃振荡培养 30～40 小时。

（二）酵母菌体的离心分离

取四支干净离心管，于电子天平上称重。用 10 ml 移液管分别吸取 10 ml 酵母菌悬液于离心管中，将两两配对调到质量相等后放入低速离心机转子中（注意对称放置），以 4 000 r/min 离心 15 分钟。

（三）菌体质量测定

离心完成后取出离心管，倒掉上清液，于电子天平上称取其质量。根据称量值计算菌体湿重，或干燥后称量计算干重，单位换算成 g/L。

【注意事项】

1. 离心时必须配平对称放入，如果离心机声音异常，肯定没配平；离心过程中，实验者不得离开。

2. 启动离心机时，应盖上离心机顶盖后方可慢慢转动；分离结束后，先关闭离心机，在离心机停止转动后，方可打开离心机盖，取出样品，不可用外力强制其停止运动。

3. 转子的保管和使用要严格按照说明。

4. 离心管的选择应该参照离心管的说明和材料，防止不适当的使用导致破裂，不但损失样品还会污染转子和离心机。

知识与能力测试

1. 如何正确清洗常用玻璃仪器？

2. 若转移高黏液体、生物活性液体、易起泡液体或极微量的液体，采用何种移液法？如何操作？

3. 分别使用厂家配套的 pH 缓冲试剂和自行称量配制的方法，如何配制 pH 缓冲试剂？

4. PHS-3D 型精密 pH 计的结构、各部分功能和测定原理。

5. 复合电极为什么要浸泡？能浸泡在中性或碱性溶液中吗？浸泡的正确方法是什么？

6. 若发现电极斜率变低、响应速度变慢，如何处理？

7. 样品温度为 10 ℃，此时 pH 计显示的是什么温度下的 pH？如何得到 25 ℃下的 pH？

模块二　生化分离技术

生化分离技术是指从含有多种组分的混合物中将某种生化物质与其他物质分离的技术。广泛用于生物科学与生物工程的基础研究、应用研究和实际生产中，而且是获得蛋白质、酶、核酸（**DNA** 和 **RNA**）等生物大分子不可缺少的手段。

生化分离技术种类很多，与生物科学与生物工程关系密切的主要有提取与沉淀分离技术、层析分离技术、离心分离技术和电泳技术。本模块主要介绍这四种分离技术。

第三章　生物大分子提取与沉淀分离技术

生物大分子包括多肽、酶、蛋白质、核酸（DNA 和 RNA）以及多糖等。

生物大分子提取就是从生物材料、微生物的发酵液、生物反应液或动植物细胞的培养液中分离并纯化有关产品（如具有药理活性作用的蛋白质等）的过程。其主要步骤包括材料的预处理、细胞破碎、抽提、分离与纯化、干燥与保存等。本章重点介绍细胞破碎、提取、分离与纯化三个步骤。

第一节　概　述

一、生物大分子的制备特点

生物材料的组成极其复杂；许多生物大分子在生物材料的含量极微，分离纯化的步骤繁多，流程长；许多生物大分子一旦离开了生物体内的环境就极易失活（这是生物大分子提取制备最困难之处）；生物大分子的制备几乎都是在溶液中进行的，温度、pH、离子强度等各种参数对溶液中各种组成的综合影响。这些都要求生物大分子的提取分离技术以此为依据，突破这些难点，优化分离步骤，以获得符合要求的生物大分子样品。

二、生物大分子提取分离步骤及方法

生物大分子提取分离主要包括五个步骤：选择材料和预处理；细胞破碎；抽提；分离、纯化；干燥与保存。

1. 选择材料与预处理　在实际工作中，来源于微生物的材料有两种，一种是微生物菌体分泌到培养基中的代谢产物和胞外酶，如某些细菌所分泌的水解淀粉、脂肪和蛋白质的酶；另一种利用微生物体内的生化物质：蛋白质、核酸和胞内酶等。为获得较高的产量，一般选择对数生长期的微生物。

对于动物材料，一般是利用动物的脏器或组织提取有效成分，如提取某组织总 RNA、DNA。在提取前，动物材料一般要进行绞碎、脱脂等处理。

2. 细胞破碎　细胞破碎要用到细胞破碎技术，细胞破碎技术包括机械法和非机械法。机械法又包括高压匀浆、高速珠磨、超声波破碎等方法。非机械法包括化学法、酶解法、渗透压冲击法、反复冻融法。

3. 生物大分子的提取　"提取"是在分离纯化之前将经过预处理或破碎的细胞置于溶剂中，使被分离的生物大分子充分地释放到溶剂中，并尽可能保持原来的天然状态不丢失生物活性的过程。生物大分子的提取常用水溶液和有机溶剂两种。

(1) 水溶液提取：蛋白质和酶的提取一般以水溶液为主，在稀盐溶液和缓冲液中，蛋白质的稳定性好，溶解度大，是提取蛋白质和酶最常用的溶剂。用水溶液提取生物大分子应注意的几个主要影响因素是：①盐浓度(即离子强度)：离子强度对生物大分子的溶解度有极大的影响，有些物质，如 DNA-蛋白复合物，在高离子强度下溶解度增加，而另一些物质，如 RNA-蛋白复合物，在低离子强度下溶解度增加，在高离子强度下溶解度减小。绝大多数蛋白质和酶，在低离子强度的溶液中都有较大的溶解度，如在纯水中加入少量中性盐，蛋白质的溶解度比在纯水时大大增加，称为"盐溶"现象。但中性盐的浓度增加至一定时，蛋白质的溶解度又逐渐下降，直至沉淀析出，称为"盐析"现象。所以低盐溶液常用于大多数生化物质的提取。通常使用 0.02～0.05 mol/L缓冲液或 0.09～0.15 mol/L NaCl 溶液提取蛋白质和酶。不同的蛋白质极性大小不同，为了提高提取效率，有时需要降低或提高溶剂的极性。向水溶液中加入蔗糖或甘油可使其极性降低，增加离子强度(如加入 KCl、NaCl、NH_4Cl 或$(NH_4)_2SO_4$)可以增加溶液的极性。②pH：蛋白质、酶与核酸的溶解度和稳定性与 pH 有关。过酸、过碱均应尽量避免，一般控制在 pH=6～8 范围内，提取溶剂的 pH 应在蛋白质和酶的稳定范围内，通常选择偏离等电点的两侧。碱性蛋白质选在偏酸一侧，酸性蛋白质选在偏碱的一侧，以增加蛋白质的溶解度，提高提取效果。例如胰蛋白酶为碱性蛋白质，常用稀酸提取，而肌肉甘油醛-3-磷酸脱氢酶属酸性蛋白质，则常用稀碱来提取。③温度：为防止变性和降解，制备具有活性的蛋白质和酶时，一般在 0～4 ℃的低温操作。④防止蛋白酶或核酸酶的降解作用：在提取蛋白质、酶和核酸时，常常受自身存在的蛋白酶或核酸酶的降解作用而导致实验的失败。为防止这一现象的发生，常常采用加入抑制剂或调节提取液的 pH、离子强度或极性等方法使这些水解酶失去活性。例如在提取

DNA 时加入 EDTA 络合 DNAase 活化所必需的 Mg^{2+}。

(2) 有机溶剂提取：一些和脂类结合比较牢固或分子中非极性侧链较多的蛋白质和酶难溶于水、稀盐、稀酸或稀碱中，常用不同比例的有机溶剂提取。常用的有机溶剂有乙醇、丙酮、异丙醇、正丁酮等，这些溶剂与水互溶或部分互溶，同时具有亲水性和亲脂性。例如植物种子中的玉蜀黍蛋白、麸蛋白，常用70%～80%的乙醇提取，动物组织中一些线粒体及微粒上的酶常用丁醇提取。

还有些蛋白质和酶既溶于稀酸、稀碱，又能溶于含有一定比例的有机溶剂的水溶液中，采用稀的有机溶剂提取可以防止水解酶的破坏，并兼有除去杂质提高纯化效果的作用，例如，胰岛素可溶于稀酸、稀碱和稀醇溶液，但在组织中与其共存的糜蛋白酶对胰岛素有极高的水解活性，因而采用6.8%乙醇溶液并用草酸调溶液的 pH 为 2.5～3.0，进行提取。这样就从下面三个方面抑制了糜蛋白酶的水解活性：①6.8%的乙醇可以使糜蛋白酶暂时失活；②草酸可以除去激活糜蛋白酶的 Ca^{2+}；③选用 pH2.5～3.0，是糜蛋白酶不宜作用的 pH。以上条件对胰岛素的溶解和稳定性都没有影响，却可除去一部分在稀醇与稀酸中不溶解的杂蛋白。

4. 生物大分子的分离、纯化　生物大分子分离、纯化一般包括粗分离纯化和精分离纯化。通过水溶液或有机溶剂提取的粗提取液，其中物质成分十分复杂，欲制备的生物大分子浓度很稀，物理化学性质相近的物质很多，粗分离纯化就是要除去大部分与目的产物物理化学性质差异大的杂质，较大地缩小提取液的体积。可选用沉淀法(包括：盐析、有机溶剂沉淀、等电点沉淀等)、萃取、超过滤、凝胶过滤等方法。精分离纯化可选用吸附层析、凝胶过滤层析、离子交换层析、亲和层析、制备型等电聚焦电泳、制备 HPLC 技术等方法。如提取液为蛋白质提取液(还杂有核酸、多糖等)，要将目的蛋白与其他杂蛋白分离开来。一般采用盐析、等电点沉淀和有机溶剂分级分离等方法。这些方法的特点是简便、处理量大，既能除去大量杂质，又能浓缩蛋白溶液。有时蛋白提取液体积较大，就不适于用沉淀或盐析法浓缩，则可采用超过滤、凝胶过滤或其他方法进行浓缩。蛋白样品经粗分离纯化以后，除去了大部分杂蛋白，又浓缩了体积。接着就要进行精细纯化，此时采用层析法包括凝胶过滤层析、离子交换层析、吸附层析以及亲和层析等。必要时还可选择电泳法，包括区带电泳、等电点聚焦等作为最后的纯化步骤。用于精分离纯化的方法一般规模较小，但分辨率很高。具体内容参考《生物化学》(王易振，李清秀主编)。

5. 干燥与保存　大分子分离纯化后多数是水溶液，最好的办法就是冰冻干燥，因为生物大分子容易失活，通常不能使用加热蒸发浓缩的方法。冷冻干燥是先将生物大分子的水溶液冰冻，然后在低温和高真空下使冰升华，留下固体干粉。冷冻干燥机是实验实训室必备的仪器之一。

下面重点介绍细胞破碎、提取、分离与纯化三个步骤。

第二节　细胞破碎

一、细胞破碎技术的原理

某些蛋白质在细胞培养时被宿主细胞分泌到培养液中，提取过程只需直接采用过滤和离心进行固液分离，然后将获得的澄清滤液再进一步纯化即可，其后续分离和纯化都相对简单。但由于一些重组DNA(rDNA)产品结构复杂，必须在细胞内组装来获得生物活性，如果在培养时被宿主细胞分泌到培养液中，其生物活性往往有所改变，此类生物产品是细胞内产品(非分泌型)，这些产品主要为医药和保健产品，对于这类产品的提取，需要先应用细胞破碎技术破碎细胞，使细胞内产物释放到液相中，然后再进行提纯，为后续的分离纯化做好准备工作。

细胞破碎技术是指利用外力破坏细胞膜和细胞壁，使细胞内容物包括目的产物成分释放出来的技术，是分离纯化细胞内合成的非分泌型生化物质(产品)的基础。细胞破碎分离提纯某一种蛋白质时，首先要把蛋白质从组织或细胞中释放出来并保持原来的天然状态，不丧失活性。所以要采用适当的方法将组织和细胞破碎。不同的生物体或同一生物体的不同部位的组织，其细胞破碎的难易不一，使用的方法也不相同，如动物脏器的细胞膜较脆弱，容易破碎，植物和微生物由于具有较坚固的纤维素、半纤维素组成的细胞壁。破碎方法可归纳为机械法和非机械法两大类。

二、细胞破碎的方法

(一) 机械法

机械破碎法分为高压匀浆破碎法、高速搅拌珠研磨破碎法和超声波破碎法三种，不同破碎方法的原理和使用范围不同，如表3-1所示。

表3-1 不同机械破碎方法的比较

技术	原理	效果	成本	举例
匀浆破碎法	使细胞通过小孔，使细胞受到剪切力而破碎	剧烈	适中	细胞悬浮液大规模处理
研磨法	细胞被玻璃珠或铁珠捣碎	适中	便宜	细胞悬浮液和植物细胞的大规模处理
超声波破碎法	超声波的空穴作用使细胞破碎	适中	昂贵	细胞悬浮液小规模处理

1. 高压匀浆破碎法(homogenization)　高压匀浆器是常用的设备，由高压泵和匀浆阀组成。细胞悬浮液自高压室针形阀喷出时，在高压下迫使其在排出阀的小孔中高速冲出，并射向撞击环上，由于突然减压和高速冲击，使细胞受到高的液相剪切力而破碎。

在操作方式上，可以采用单次通过匀浆器或多次循环通过等方式，也可连续操作。为了控制温度的升高，可在进口处用干冰调节温度，使出口温度调节在20 ℃左右。在工业规模的细胞破碎中，对于酵母等难破碎的及浓度高或处于生长静止期的细胞，常采用多次循环的操作方式。

2. 高速搅拌珠研磨破碎法(fine grinding)　研磨法是常用的一种方法，剪碎的动物组织如鼠肝、兔肝等置研钵中，用研磨棒研碎。为了提高研磨效果，它将细胞悬浮液与玻璃小珠、石英砂或氧化铝等研磨剂一起快速搅拌，使细胞获得破碎。此法较温和，适宜实验室使用。但加石英砂时，要注意其对有效成分的吸附作用。如系大规模生产时，可用电动研磨法。由于操作过程中会产生热量，易造成某些生化物质破坏，故磨室还装有冷却夹套，以冷却细胞悬浮液和玻璃小珠。细菌和植物组织的细胞破碎均可用此法。

3. 超声波破碎法(ultrasonication)　超声波破碎法利用超声波振荡器发射的 15～25 kHz 的超声波探头处理细胞悬浮液。超声波振荡器有不同的类型，常用的为电声型，它是由发生器和换能器组成，发生器能产生高频电流，换能器的作用是把电磁振荡转换成机械振动。

(二) 非机械法

非机械法破碎法包括渗透压冲击破碎法、冻融破碎法、酶解破碎法、化学破碎法和去垢剂破碎法，其中酶解破碎法和化学破碎法应用最广。

1. 渗透压冲击破碎法(osmotic shock)　渗透压冲击是较温和的一种破碎方法，将细胞放在高渗透压的溶液中(如一定浓度的甘油或蔗糖溶液)，由于渗透压的作用，细胞内水分便向外渗出，细胞发生收缩，当达到平衡后，将介质快速稀释，或将细胞转入水或缓冲液中，由于渗透压的突然变化，胞外的水迅速渗入胞内，引起细胞快速膨胀而破裂。

2. 冻融破碎法(freezing and thawing)　将细胞放在低温下冷冻(约－15 ℃)，然后在室温中融化，反复多次而达到破壁作用。由于冷冻，一方面能使细胞膜的疏水键结构破裂，从而增加细胞的亲水性能，另一方面胞内水结晶，形成冰晶粒，引起细胞膨胀而破裂。对于细胞壁较脆弱的菌体，可采用此法。

3. 酶溶破碎法(enzyme lysis)　酶解是利用溶解细胞壁的酶处理菌体细胞，使细胞壁受到部分或完全破坏后，再利用渗透压冲击等方法破坏细胞膜，进一步增大胞内产物的通透性。溶菌酶适用于革兰阳性菌细胞的分解，应用于革兰阴性菌时，需辅以 EDTA 使之更有效地作用于细胞壁。真核细胞的细胞壁不同于原核细胞，需采用不同的酶。例如从某些细菌细胞提取质粒 DNA 时，不少方法都采用了加溶菌酶破坏细胞壁的步骤。当有些细菌对溶菌酶不敏感时，可加巯基乙醇或者 8 mol/L 的尿素，以促进细胞壁的消化。另外，也可加入蛋白酶 K 来提高破壁效果。而在破坏酵母菌的细胞时，可采用蜗牛酶进行。一般对数期的酵母细胞对该酶较敏感。将酵母细胞悬于 0.1 mol/L 柠檬酸/磷酸氢二钠缓冲液(pH＝5.4)中，加入 1％蜗牛酶，在 30 ℃处理 30 分钟，即可使大部分细胞壁破裂，如同时加入 0.2％巯基乙醇效果更好。

4. 化学破碎法(chemical treatment)　用脂溶性的溶剂(如丙酮、氯仿、甲苯)或表面活性剂(如十二烷基磺酸钠) 处理细胞时，可将细胞壁、细胞膜的结构部分溶解，进而使细胞释放出各种酶类或 DNA 等物质，并导致整个细胞破碎。

第三节　提　取

抽提通常是指用适当的溶剂和方法，从原材料中使被分离的生物大分子充分地释放到溶剂中，并尽可能保持原来的天然状态不丢失生物活性的过程。生物大分子的提取常用水溶液和有机溶剂两种。

一、水溶液提取

蛋白质和酶的提取一般以水溶液为主，在稀盐溶液和缓冲液中，蛋白质的稳定性好，溶解度大，是提取蛋白质和酶最常用的溶剂。用水溶液提取生物大分子应注意的几个主要影响因素是：

1. 盐浓度(即离子强度)　离子强度对生物大分子的溶解度有极大的影响，有些物质，如DNA-蛋白复合物，在高离子强度下溶解度增加，而另一些物质，如RNA-蛋白复合物，在低离子强度下溶解度增加，在高离子强度下溶解度减小。绝大多数蛋白质和酶，在低离子强度的溶液中都有较大的溶解度，如在纯水中加入少量中性盐，蛋白质的溶解度比在纯水时大大增加，称为"盐溶"现象。但中性盐的浓度增加至一定时，蛋白质的溶解度又逐渐下降，直至沉淀析出，称为"盐析"现象。所以低盐溶液常用于大多数生化物质的提取。通常使用0.02～0.05 mol/L缓冲液或0.09～0.15 mol/L NaCl溶液提取蛋白质和酶。不同的蛋白质溶液极性大小不同，为了提高提取效率，有时需要降低或提高溶剂的极性。向水溶液中加入蔗糖或甘油可使其极性降低，增加离子强度(如加入KCl、NaCl、NH_4Cl或$(NH_4)_2SO_4$)可以增加溶液的极性。

2. pH　蛋白质、酶与核酸的溶解度和稳定性与pH有关。过酸、过碱均应尽量避免，一般控制在pH=6～8范围内，提取溶剂的pH应在蛋白质和酶的稳定范围内，通常选择偏离等电点的两侧。碱性蛋白质选在偏酸一侧，酸性蛋白质选在偏碱的一侧，以增加蛋白质的溶解度，提高提取效果。例如胰蛋白酶为碱性蛋白质，常用稀酸提取，而肌肉甘油醛-3-磷酸脱氢酶属酸性蛋白质，则常用稀碱来提取。注意：当用酸，碱控制溶液pH时，要边加边搅，防止局部出现过高的酸碱浓度造成蛋白变性。

3. 温度　一般认为蛋白质或酶制品在低温(如0 ℃左右)时最稳定，为防止变性和降解，制备具有活性的蛋白质和酶时，一般在0～4 ℃的低温操作。例如：在生产人绒毛膜促性腺激素(HCG，糖蛋白)制品时，一定要在低温下进行。当温度低于8 ℃时，从200 kg孕妇尿中可提取约100克HCG粗品(活力为160 U/mg)；当温度高于20 ℃时，从400 kg孕妇尿中都提取不到100 g粗品，而且活力很低。此外，高温下制备的HCG粗品很难进一步纯化至3 500 U/mg，原因是高温会使HCG受到微生物和(或)糖苷酶的破坏。

4. 防止蛋白酶或核酸酶的降解作用　细胞破裂后，许多水解酶释放出来。水解酶与欲抽提的蛋白质或核酸接触时，一旦条件适宜，就会发生反应，导致蛋白质或核酸分解，而使实验失败。为此，必须采用加入抑制剂，调节抽提液的pH、离子浓度或极性等方法，使这些酶丧失活性。如：提取，纯化胰岛素时，为阻止胰蛋白酶活化，采用68%的乙醇溶液(pH2.5～3.0，用草酸调节)，在13～15 ℃抽提3小时，可得到较高的回收率。因为68%乙醇可使胰蛋白酶暂时失活，草酸可除去蛋白酶的激活剂Ca^{2+}，酸性环境也抑制酶蛋白活性。例如在提取DNA时加入EDTA络合DNAase活化所必需的Mg^{2+}。

5. 氧化　一般蛋白质都含相当数量的巯基，该基团常常是酶和蛋白质的必需基团，若抽提液中存在氧化剂或氧分子时，会使巯基形成分子内或分子间的二硫键，导致酶（或蛋白质）失活（或变性）。在提取液中加入巯基乙醇，半胱氨酸、还原性谷胱甘肽等还原剂，可防止巯基发生氧化，使蛋白、酶失活。

6. 金属离子 蛋白质的巯基除易受氧化剂作用外，还能和金属离子如铅、铁或铜作用，产生沉淀复合物。这些金属离子主要来源于制备缓冲液的试剂中。消除这些金属离子的办法：①用去离子水或重蒸水配制试剂；②在配制的试剂中加入 1～3 mmol/L 的 EDTA（金属离子络合剂）。

二、有机溶剂提取

一些和脂类结合比较牢固或分子中非极性侧链较多的蛋白质和酶难溶于水、稀盐、稀酸或稀碱中，常用不同比例的有机溶剂提取。常用的有机溶剂有乙醇、丙酮、异丙醇、正丁酮等，这些溶剂与水互溶或部分互溶，同时具有亲水性和亲脂性。例如植物种子中的玉蜀黍蛋白、麸蛋白，常用 70%～80%的乙醇提取，动物组织中一些线粒体及微粒上的酶常用丁醇提取。

还有些蛋白质和酶既溶于稀酸、稀碱，又能溶于含有一定比例的有机溶剂的水溶液中，采用稀的有机溶剂提取可以防止水解酶的破坏，并兼有除去杂质提高纯化效果的作用，例如，胰岛素可溶于稀酸、稀碱和稀醇溶液，但在组织中与其共存的糜蛋白酶对胰岛素有极高的水解活性，因而采用 68%乙醇溶液并用草酸调溶液的 pH 为 2.5～3.0，进行提取。这样就从下面三个方面抑制了糜蛋白酶的水解活性：①68%的乙醇可以使糜蛋白酶暂时失活；②草酸可以除去激活糜蛋白酶的 Ca^{2+}；③选用 pH 2.5～3.0，是糜蛋白酶不宜作用的 pH。以上条件对胰岛素的溶解和稳定性都没有影响，却可除去一部分在稀醇与稀酸中不溶解的杂蛋白。

第四节 沉淀分离技术

沉淀法（即溶解度法）是实用、简单的初步分离的方法，该法成本低、操作简单，不仅用于实验室中，也用于某些生产目的产物的过程，主要用于浓缩，或用于除去留在液相或沉淀在固相中的非必要成分，是分离纯化生物大分子，特别是制备蛋白质和酶时最常用的方法。

沉淀法用于纯化生物大分子的基本原理是根据各种物质的结构差异（如蛋白质分子表面疏水基团与亲水基团之间比例的差异）来改变溶液的某些性质（如 pH、极性、离子强度、金属离子等），就能使抽提液中的有效成分的溶解度发生变化。因此，选择适当的溶液就能使欲分离的有效成分呈现最大溶解度，而使杂质呈现最小溶解度，或者相反，有效成分呈现最小溶解度，而杂质呈现最大溶解度。通过沉淀，将目的生物大分子转入固相沉淀或留在液相，而与杂质得到初步的分离。

应用沉淀分离技术时必须考虑以下几个因素：采用的沉淀技术对目的物的分离有较高的选择性；采用的沉淀分离条件不会破坏目的物的结构或活性；使用的沉淀剂容易获得、在后续的加工中容易去除、对环境的污染小、易回收；残留的沉淀剂对人体无害。

生物制药技术中常用的沉淀技术有盐析沉淀法、等电点沉淀法、有机溶剂沉淀法、聚乙二醇沉淀法等。

一、盐析沉淀法

(一) 盐析原理

盐析沉淀法简称盐析法，是粗分离蛋白质的重要方法之一。许多蛋白质在纯水或低盐溶液中溶解度较低，若稍加一些无机盐则溶解度增加，这种现象称为“盐溶”(Salting in)。而当盐浓度继续增加到某一浓度时，蛋白质又变得不溶而自动析出，这种现象称为“盐析”(Salting out)。

盐析作用的机制在于中性盐的亲水性大于蛋白质和酶分子的亲水性，大量盐离子同水分子发生水合作用，造成盐离子与蛋白质分子争夺水分子，降低了溶液中自由水的浓度，从而破坏了蛋白质分子水化膜，暴露出疏水区域；同时，蛋白质分子表面的电荷被溶液中带相反电荷的盐离子中和，破坏了亲水胶体，蛋白质分子即形成沉淀，如图 3－1 所示。盐析法沉淀的蛋白质未变性，仍保持原来活性，只需经透析除去盐分，即可得到较纯的有活性的蛋白质。

盐析沉淀法分离蛋白质就是根据各种蛋白质在一定浓度的盐溶液中溶解度降低程度的不同而达到分离的目的，如图 3－2 所示。

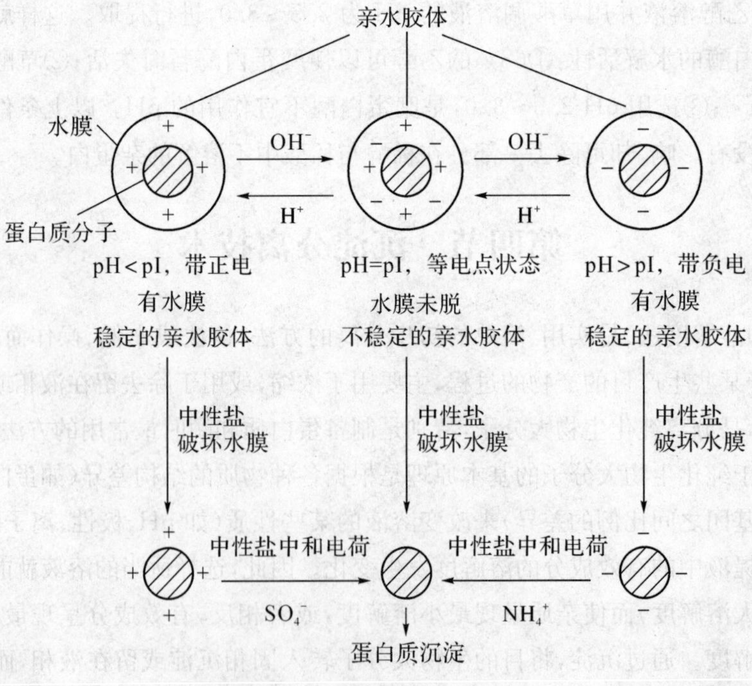

图 3－1　盐析原理示意图

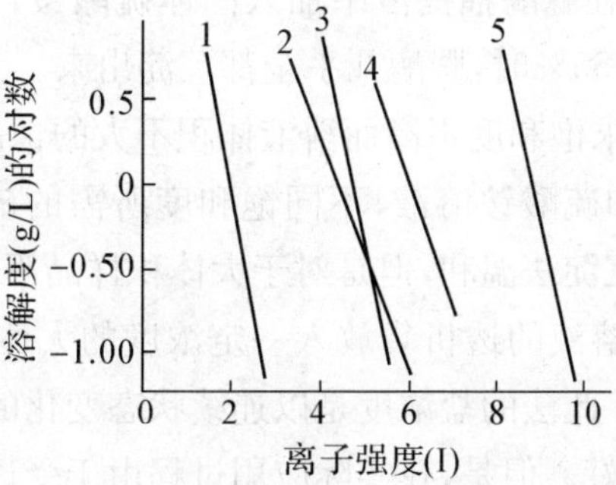

图 3-2　几种不同蛋白质在不同离子强度下的盐析效果

1. 纤维蛋白原；2. 血红蛋白；3. 拟球蛋白；
4. 血清蛋白；5. 肌红蛋白

（二）盐的选择

盐析沉淀法中常用的中性盐有硫酸铵、硫酸钠、硫酸镁、氯化钠等。其中硫酸铵最常用，因为硫酸铵具有以下优点：溶解度大，尤其在低温时仍有相当高的溶解度（这是其他盐类所不具备的）；分离效果好（有些抽提液经过加适量硫酸铵的一步分级沉淀处理后，就可除去杂蛋白 75% 以上）；有稳定蛋白质和酶的作用（有稳定蛋白质结构的作用，将 2～3 mol/L 硫酸铵盐析的蛋白质置低温下保存一年，其性质没有变化）；价格低廉，废液不污染环境。但硫酸铵的缺点是铵离子干扰双缩脲反应，为蛋白质的定性分析造成一定困难。

硫酸铵常含有少量的重金属盐，对蛋白质的巯基有敏感作用，使用前必须用 H_2S 处理：将硫酸铵配成浓溶液，通入 H_2S 饱和，放置过夜，用滤纸去重金属离子，浓缩结晶，100 ℃烘干后使用。

（三）操作过程

用盐析法沉淀欲分离样品时，首先要通过分级沉淀试验确定所需浓度范围，然后制备盐析曲线。以硫酸铵盐析为例说明操作过程。

1. 分级盐析　选择一定浓度范围的盐溶液（0～25%饱和度），使部分杂质呈盐析状态，有效成分呈盐溶状态。经离心分离得到上清液，再选择一定浓度范围的盐溶液（24%～60%饱和度），使有效成分呈盐析状态，而另一部分杂质呈盐溶状态，离心法收集沉淀物即为初步纯化的有效成分。盐析时，应控制溶液的 pH，使之接近蛋白质的等电点。

在分级沉淀试验时，硫酸铵的加入常有三种方法：固体盐法、饱和溶液法和透析法。

(1) 固体盐法：用于要求饱和度较高而不增大溶液体积的情况。将硫酸铵研成细粉，在搅拌下缓慢均匀少量多次地加入粗制品溶液中，接近计划饱和度时，加盐的速度更要慢一些，尽量避免局部硫酸铵浓度过大而造成不应有的蛋白质沉淀。在此过程中，溶液中的硫酸铵浓度会不断提高，水分子会不断与硫酸铵结合，当加入的硫酸铵使溶液浓度达到“盐析点”时，蛋白质就沉淀出来。盐析后一般要在冰浴中放置半小时至一小时，待沉淀完全后才过滤或离心，过滤常用于高浓度的硫酸铵溶液，在这种情况下，需要较高的离心速度和离心时间，耗时耗能。离心常用于高浓度的硫酸铵溶液。如，在脲酶抽提液中加入固体硫酸铵，当饱和度达 35%时，脲酶基本上仍留在溶液中；而饱和度达 55%时，脲酶几乎全都沉淀出来。

(2) 饱和溶液法：用于要求饱和度不高而溶液体积不大的情况。其操作是在蛋白质溶液中逐步加入预先调好 pH 的饱和硫酸铵溶液，不同饱和度所需的硫酸铵的量可通过公式计算得到。此法比加入固体硫酸铵沉淀法温和，但是对于大体积样品不适用。

(3) 透析法：将盛蛋白质溶液的透析袋放入一定浓度的大体积盐溶液中，通过透析作用来改变蛋白质溶液中的盐浓度。此法的盐浓度是以连续状态变化的，可以避免盐浓度局部升高产生的不良影响，所以分离效果好。但是，在实际应用过程由于受透析袋容积有限、盐析速度缓慢和硫酸铵耗费多等因子的制约，所以此法仅在要求较精确、样品体积小的试验使用。

2. 盐析曲线制作　通过分级沉淀试验确定所需浓度范围后，再将每个分级沉淀部分分别重新溶解于一定体积的适宜 pH 缓冲液中，根据其蛋白质或酶含量和相对应的硫酸铵浓度之间的关系作盐析曲线图。在此曲线基础上，参照有关的分级试验方法，确定最佳盐析范围。

但是用硫酸铵或其他盐类进行分级沉淀都有一个共同的缺点，即得到的样品欲继续纯化时，必须把溶液中的盐脱除，常用的方法有透析法、凝胶过滤层析法及超滤法等。其中透析就是利用蛋白质不能透过半透膜的性质来分离纯化蛋白质的方法。通常是把混有无机盐等小分子杂质的蛋白质溶液装入半透膜做成的透析袋内，再将此透析袋浸入透析液（或水）中进行透析，因无机盐等小分子杂质能通过半透膜，不断地从袋内扩散出来，大分子蛋白质不能透过半透膜仍被截留在袋内。不断调换容器中的透析液（或水），就可以将无机盐等小分子杂质除去，从而达到纯化蛋白质的目的。为了防止酶或蛋白质变性，透析最好在低温中进行。透析法常用于除盐、少量有机溶剂、生物小分子杂质和浓缩样品等。

二、等电点沉淀法

蛋白质、酶、氨基酸、核酸等都是两性电解质，当溶液在某一 pH 时，这些生物大分子所带的正负电荷相等而呈电中性，此时溶液的 pH 称为等电点。等电点沉淀法是利用这些生物大分子在其等电点的溶液中，溶解度最低，易发生沉淀，而实现分离的方法。如工业上生产胰岛素时，在粗提液中先调 pH 为 8.0 去除碱性蛋白质，再调 pH 为 3.0 去除酸性蛋白质。利用等电点除杂蛋白时必须了解目的蛋白对酸碱的稳定性，盲目使用可能目的蛋白失活。不少蛋白质与金属离子结合后，等电点会发生偏移，因此当溶液中含有金属离子时，必须注意调整 pH。等电点法单独应用较少，常与盐析法、有机溶剂沉淀法或其他沉淀方法联合使用，以提高其沉淀能力。

三、低温有机溶剂沉淀法

低温有机溶剂沉淀法多用于生物大分子、多糖及核酸样品的分离纯化。其沉淀机制是降低水的介电常数，导致具有表面水化膜的生物大分子脱水、聚集，最后沉淀析出。有机溶剂致蛋白质沉淀的主要原因是有机溶剂本身的水合作用，与蛋白质争夺水分子，破坏了蛋白质分子表面的水化膜，致蛋白质不稳定，蛋白质分子间相互聚集而沉淀。大部分蛋白质可溶于水，与水混溶的有机溶剂如乙醇、甲醇、丙酮等，可使多数蛋白质溶解度降低并析出。与盐析法相比，有机溶剂沉淀蛋白质具有分辨率较高，溶剂沸点低，易除去等优点，但是此法容易引起蛋白质变性，操作一定在低温下进行，以减少变性作用。目前大多数国家的血液制品厂家都是采用低温乙醇法生产工艺，分离生产人血清蛋白和球蛋白制剂。

另外，低温有机溶剂沉淀法常用于核酸的提取过程中。其原理是核酸 DNA 和 RNA 都不溶于一般的有机溶剂，常用乙醇或异丙醇抽提核酸。操作方法是在核酸粗提液中加入冰浴的乙醇或异丙醇，沉淀、离心获得核酸。为了防止核酸的变性，同时保证核酸沉淀效果好，操作在冰浴中进行。

四、非离子多聚物沉淀法

非离子多聚物是 20 世纪 60 年代发展起来的一种重要的沉淀剂，最早应用于提纯免疫球蛋白(IgG)、一些细菌和病毒，近年逐渐广泛用于核酸和酶的分离纯化。非离子多聚物包括不同分子量的聚乙二醇(polyethylene glycol，PEG)、葡聚糖、右旋糖酐硫酸钠等，其中应用最广的是 PEG。

PEG 具有无毒和亲水性强的特点，与蛋白质分子争夺水分子，破坏其水化膜致蛋白质沉淀，多用于蛋白质的分离纯化，PEG 分子量多在 2 000～6 000 之间变化，多数认为 PEG 6 000 沉淀蛋白质较好。PEG 由于其溶解度大，在水溶液中其浓度可高达 50%，浓度在 6%～12% 时，大多数蛋白质可沉淀析出。PEG 沉淀蛋白质操作时不需要低温，而且对蛋白质的稳定性还有一定的保护作用。PEG 不会被吸附，故在离子交换吸附前不必去除 PEG。

第五节 实践训练

实验 3-1 牛乳酪蛋白的提取分离

【实验目的】

1. 了解牛奶中的酪蛋白特点。
2. 学会利用等电点沉淀法从牛奶中制备酪蛋白的方法。
3. 正确熟练掌握离心机、pH 计的操作技术。

【实验原理】

酪蛋白是乳蛋白质中最丰富的一类蛋白质，占乳蛋白的 80%～82%，酪蛋白不是单一的蛋白质，是一类含磷的复合蛋白质混合物。酪蛋白在牛奶中含量约为 35 g/L，比较稳定，利用这一性质，可以检测牛乳中是否掺假。

酪蛋白等电点为 4.7，利用等电点时溶解度最低的原理，将牛乳的 pH 调至 4.7 时，酪蛋白就沉淀出来，通过离心而获得。糖类小分子由于处于清液中而分离。酪蛋白不溶于乙醇，用乙

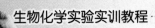

醇洗涤沉淀物，除去脂类杂质后，便可得到纯白色、晶状酪蛋白。

【实验设备、材料与试剂】

（一）设备

离心机，抽滤装置（布氏漏斗），PHS-3D 型 pH 计或精密 pH 试纸，电炉，烧杯，温度计，磁力搅拌器或玻璃棒，量筒或容量瓶，电子天平。

（二）材料

新鲜牛奶

（三）试剂

1. 95%乙醇

2. 无水乙醚

3. 0.2 mol/L pH4.7 醋酸-醋酸钠缓冲液，配制方法为先配 A 液与 B 液。

A 液：0.2 mol/L 醋酸钠溶液，称 NaAC · $3H_2O$　54.44 g，定容至 2 000 ml。

B 液：0.2 mol/L 醋酸溶液，称优纯醋酸（含量大于 99.8%）12.0 g 定容至 1 000 ml。

取 A 液 1 770 ml，B 液 1 230 ml 混合即得 pH 为 4.7 的醋酸-醋酸钠缓冲液 3 000 ml。

4. 乙醇-乙醚混合液：乙醇∶乙醚＝1∶1（V/V）

【实验操作】

（一）等电点沉淀得到酪蛋白粗品

50 ml 牛奶加热至 40 ℃。在搅拌下慢慢加入预热至 40 ℃、pH 4.7 的醋酸-醋酸钠缓冲液直至 pH 至 4.7 左右，用 pH 计或精密 pH 试纸调试，将上述悬浮液冷却至室温。离心 10～15 min（3 500 r/min）。弃去清液，得酪蛋白粗制品。

（二）除脂类杂质

1. 用水洗涤沉淀 1～2 次，离心 5～10 min（3 500 r/min），弃去上清液。

2. 在沉淀中加入 30 ml 乙醇，搅拌片刻，将全部悬浊液转移至布氏漏斗中抽滤。

3. 用乙醇-乙醚混合液洗沉淀 1～2 次，将全部悬浊液转移至布氏漏斗中抽滤。

4. 最后用乙醚洗沉淀 1～2 次，用布氏漏斗中抽干。

5. 将沉淀从布氏漏斗中移到表面皿，在表面皿上摊开以除去乙醚，干燥后得到的是酪蛋白纯品。

【计算含量和得率】

准确称重，计算含量和得率。

含量：酪蛋白 g/100 ml 牛乳（g%）

得率：$\dfrac{\text{测得含量}}{\text{理论含量}}\times 100\%$

（注：理论含量为 3.5 g/100 ml 牛乳。）

【实验注意事项】

1. 离心管放入离心机前注意调平衡，待离心机完全停止后方可打开机盖取离心管。

2. pH 调整要准确。

【思考题】

制备高产率纯酪蛋白的关键是什么？

实验 3-2　硫酸铵盐析沉淀纯化血浆中的免疫球蛋白

【实验目的】

1. 掌握盐析的原理。

2. 熟悉盐析的操作技术及盐析产物的检测方法。

【实验原理】

IgG 是免疫球蛋白(Immunoglobulin，简称 IgG)的主要成分之一，分子量为 15 万～16 万。IgG 是动物和人体血浆的重要成分之一。血浆蛋白质的成分多达 70 余种，要从血浆中分离出 IgG，首先要进行尽可能除去其他蛋白质成分的粗分离程序，使 IgG 在样品中比例大为增高，然后再纯化而获得 IgG。

盐析法是粗分离蛋白质的重要方法之一。许多中性盐都能使蛋白质盐析，如硫酸铵、硫酸钠、硫酸镁、氯化钠和磷酸盐等。最常用的为硫酸铵，因它具有溶解度高且受温度影响较小的优点，在室温或冰箱(4 ℃)内均可进行。一般认为在 pH 为 7.0 时，50%硫酸铵饱和度可将所有的免疫球蛋白都沉淀出来。33%饱和度时，大部分 IgG 可沉淀出来。40%饱和度时，沉淀物的得率最高，但含 IgM、IgA 等 β 球蛋白部分增多。本实训采取饱和硫酸铵溶液逐步沉淀法分离纯化人体血浆中的免疫球蛋白。

【实验设备、材料和试剂】

(一) 设备

普通冰箱、离心机、电磁搅拌器，紫外分光光度计，电子天平。精密 pH 试纸(pH 5.5～9.0)、烧杯、量筒、吸管、滴管、灭菌小瓶、试管等。

(二) 材料和试剂

正常人血浆；0.2 mol/L，pH 7.4 磷酸缓冲液；饱和硫酸铵溶液。

0.2 mol/L，pH 7.4 磷酸缓冲液的配制：取 A 液 81 ml 加 B 液 19 ml 混合即得。其中 A 液和 B 液配制如下：

A 液：0.2M Na_2HPO_4：$Na_2HPO_4\cdot 12H_2O$ 71.64 g，加蒸馏水至 1 000 ml；

B 液：0.2M NaH_2P_4：$NaH_2P_4\cdot 2H_2O$ 3.12 g，加蒸馏水至 1 000 ml。

饱和硫酸铵溶液的配制：称$(NH_4)_2SO_4$(AR)400～425 g，以 50～80 ℃之蒸馏水 500 ml 溶解，搅拌 20 min，趁热过滤。冷却后以浓氨水调 pH 至 7.4。配制好的饱和硫酸铵，瓶底应有结晶析出。

【实验步骤】

1. 血浆清蛋白与球蛋白分离

(1) 取血浆 10 ml 置于 100 ml 烧杯中，加磷酸盐缓冲液(0.2 mol/L，pH 7.4)10 ml 搅拌 10

分钟。

(2) 在搅拌下，逐滴加入与稀释血浆等量的饱和硫酸铵[终浓度为 50%饱和$(NH_4)_2SO_4$]。

(3) 继续搅拌 20～30 分钟，置 4 ℃，3 h 以上，以充分沉淀球蛋白。

(4) 3 500 r/min 离心 20 min，弃去上清液(主要含清蛋白)，沉淀中含有各种球蛋白。

2. IgG 的分离

(1) 用 x ml 缓冲液溶解上述沉淀中的各种球蛋白，并转移至 50 ml 烧杯中搅拌 20 min。

(2) 在上述上清液中，逐滴加饱和硫酸铵 $x/2$ ml，置 4 ℃，3 h 以上，以充分沉淀。此时$(NH_4)_2SO_4$ 的饱和度为 33%。

(3) 3 500 r/min 离心 10～20 min，弃上清液，留沉淀，沉淀溶解于 x ml 缓冲液。沉淀主要是 IgG。可重复步骤(2) 1～2 次。

(4) 将沉淀样品取少许作适当倍数稀释后，以紫外分光光度计测蛋白含量。

【结果分析】

蛋白含量计算方法如下：

蛋白含量(mg/ml)$=(1.45\times O.D_{280\ \text{nm}}-0.74\times O.D_{260\ \text{nm}})\times$样品稀释度。

(注：式中 1.45 与 0.74 为常数，nm 为波长)。

【注意事项】

1. 溶液中蛋白质的浓度对盐析的沉淀有双重影响，既可影响蛋白质沉淀极限，又可影响蛋白质的共沉作用。蛋白质浓度愈高，所需盐的饱和度极限愈低，但杂蛋白的共沉作用也随之增加，从而影响蛋白质的纯化。故常将血浆以生理盐水或磷酸盐缓冲液作对倍稀释后再盐析。

2. 各种蛋白质的沉淀要求不同的离子强度。例如当硫酸铵饱和度不同，析出的成分就不同，饱和度为 50%时，少量白蛋白及大多数拟球蛋白析出；饱和度为 33%时 γ 球蛋白析出。

3. 溶液的 pH 影响盐析结果。一般说来，蛋白质所带净电荷越多，它的溶解度越大。改变 pH 改变蛋白质的带电性质，也就改变了蛋白质的溶解度。

4. 盐析时温度要求并不严格，一般可在室温下操作。血清蛋白于 25 ℃时较 0 ℃更易析出。但对温度敏感的蛋白质，则应于低温下盐析。

5. 蛋白质沉淀后宜在 4 ℃放 3 h 以上或过夜，以形成较大沉淀而易于分离。

【思考题】

1. 盐析产物 IgG 中含有少量的$(NH_4)_2SO_4$，如何除去？

2. 分析哪些因素影响蛋白质的盐析。

实验 3-3　硫酸钠盐析沉淀纯化血浆中的免疫球蛋白

【实验目的】

1. 掌握盐析的原理。

2. 掌握盐析的操作技术。

【实验原理】

其原理是蛋白质在高浓度的盐溶液中，随盐浓度的逐渐增高，蛋白质表面的电荷被中和，水化膜被破坏，蛋白质分子相互聚集而从溶液中沉淀析出。

【实验设备、材料和试剂】

1. 器材　离心机。

2. 试剂　血浆、磷酸缓冲液（参照实训 4－1）、Na_2SO_4。

【实验过程】

1. 血浆清蛋白与球蛋白分离

（1）取血浆 10 ml 置于 100 ml 烧杯中，加磷酸缓冲液（0.2 mol/L，pH 8.0）10 ml 搅拌 10 min。

（2）在搅拌下，慢慢加 3.6 g Na_2SO_4 使终浓度达到 18%。

（3）加完 Na_2SO_4 后继续搅拌 20～30 min 以充分沉淀蛋白质。

（4）3 500 r/min 离心 20 min，弃去上清液（主要含清蛋白），沉淀中含有各种球蛋白。

2. IgG 的分离

（1）用 8 ml 磷酸缓冲液溶解上述沉淀中的各种球蛋白，并转移到 50 ml 烧杯中搅拌 20 min。

（2）3 500 r/min 离心 10～20 min，取上清液（除杂质）。

（3）上述上清液中缓慢加入 0.96 g Na_2SO_4，使最终浓度达到 12%，搅拌 20 min。

（4）3 500 r/min 离心 10～20 min，弃去上清液。

（5）沉淀溶解于 4 ml 缓冲液，搅拌 20 min。

（6）3 500 r/min 离心 10～20 min，取上清液。

（7）上清液中缓慢加入 0.48 g Na_2SO_4，使最终浓度达到 12%，搅拌 20 min。

（8）3 500 r/min 离心 10～20 min，弃去上清液（主要含 α-球蛋白和 β-球蛋白）。沉淀主要是 IgG。

【结果分析】

蛋白含量(mg/ml)＝$(1.45 \times O.D_{280\ nm} - 0.74 \times O.D_{260\ nm})$×样品稀释度。

（注：式中 1.45 与 0.74 为常数，nm 为波长）。

【思考题】

1. 如何配制 0.2 mol/L pH8.0 磷酸缓冲液？

2. 盐析产物 IgG 中含有少量的 Na_2SO_4，如何除去？

3. 完全饱和的 Na_2SO_4 中清蛋白、球蛋白是否均发生沉淀？

实验 3－4　酵母菌基因组 DNA 的提取

【实验目的】

1. 熟悉珠磨法破壁和有机溶剂抽提酵母菌基因组 DNA 的基本原理。

2. 掌握有机溶剂抽提酵母菌基因组 DNA 的方法。

【实验原理】

酵母是一类单细胞低等真核生物，培养条件简单、易生长、遗传背景清楚，是一种常用的真核模式生物。在以酵母为对象研究真核生物基因组的结构和功能或构建外源蛋白表达系统时，提取高质量的酵母基因组 DNA 成为最基础的工作。酵母基因组的提取主要包括破壁和核酸抽提，由于酵母细胞壁比较坚韧，因此提取酵母基因组 DNA 的关键在于选择一种合适的方法，使菌体内核酸释放出来。本方法通过珠磨法粉碎酵母菌细胞、有机溶剂抽提，使进入水相的核酸与蛋白成分分开，在 RNA 酶作用下，降解 RNA，得纯度较高的 DNA 样品。

【实验设备、材料和试剂】

（一）实验设备、器材

微量移液器（20 μl，200 μl，1 000 μl），台式高速离心机，灭菌锅，旋涡振荡器，紫外分光光度计，玻璃珠（直径 0.3～0.5mm）。

（二）材料

毕赤酵母菌株 GS115，本实验室收藏。

YPD 液体培养基：10 g 酵母提取物和 20 g 蛋白胨溶于 900 ml 水中，高压灭菌 20 min 后，加入灭菌的 100 ml 的 20 g/100 ml 葡萄糖溶液，混匀保存。

TE 缓冲液：10 mmol/L Tris（用 HCl 调 pH 到 8.0），1 mmol/L EDTA（用 NaOH 调 pH 至 8.0），高压蒸汽灭菌 20 min，室温保存。

（三）试剂

酵母提取物、蛋白胨、Tris、十二烷基硫酸钠（SDS）、RNase A、1kb DNA Marker。

饱和酚、氯仿/异戊醇、70%及无水乙醇、RNA 酶、TE 缓冲液。

【实验操作】

（一）酵母菌基因组DNA 的抽提

1. 收集过夜培养 16～18 h 的菌体 1.5 ml，室温 8 000 rpm 离心 30 s，弃上清，将离心管倒置，使液体尽可能流尽。

2. 用 TE 洗涤沉淀两次溶于 200 μl TE 中，加入 50 mg 玻璃珠（直径 0.3～0.5 mm）和 100 μl 酚-氯仿（体积比 25：24），漩涡振荡 3 min。

3. 12 000 r/min 离心 2 min，弃沉淀，得到上清液。

4. 上清液中加入等体积酚-氯仿（体积比 25：24），抽提后 12 000 r/min 离心 5 min，得到上清液。

（二）去除 RNA

在上清液中加入 0.5 μl RNaseA，37 ℃温浴 30 min。

（三）DNA 的沉淀分离

1. 在上清液中加入两倍体积无水乙醇，−20 ℃静置 30 min。

2. 10 000 r/min 离心 5 min，沉淀物用 70%乙醇洗两次，自然干燥后，溶于 50 μl TE，保存。

（四）DNA 的紫外测定

取 30 μl DNA 溶解液用 TE 稀释后，测定 A_{260}，以 TE 作空白调零。

【结果分析】

计算酵母 DNA 浓度（μg/ml）。

酵母 DNA 浓度（μg/ml）＝A_{260}×稀释倍数×50/0.05

式中 50 是指 $1A_{260\ nm}$ 相当于 50 μg/ml 双链 DNA。

0.05 是指 DNA 溶解于 50 μl TE，即 0.05 ml。

【注意事项】

1. 提取过程尽可能保持低温。
2. 提取过程中除去蛋白很重要，采用苯酚/氯仿去除效果好。
3. 沉淀 DNA 通常用冰乙醇，在低温条件下放置时间稍长可使 DNA 沉淀完全。

【思考题】

1. 酵母毕赤酵母菌株 GS115 DNA 有哪些基本性质？
2. 提取酵母 DNA 操作过程中应注意哪些问题？
3. 数次离心，每次离心后应保留哪部分？弃去的部分主要含什么？

实验 3－5　质粒 DNA 的提取

【实验目的】

1. 熟悉碱裂解法提取质粒 DNA 的基本原理。
2. 掌握碱裂解法提取质粒 DNA 的方法。
3. 学会对质粒 DNA 的浓度和纯度进行检测。

【实验原理】

1. 质粒 DNA 的提取　质粒是一种染色体外的稳定遗传因子，大小从 1～200 kb 不等，为双链、闭环的 DNA 分子，并以超螺旋状态存在于宿主细胞中。本实验以碱裂解法为例，介绍质粒的抽提过程。

碱裂解法的原理：基于质粒 DNA 和染色体 DNA 的变性与复性差异而达到分离目的的。在 pH 高达 12.6 的条件下，染色体 DNA 和质粒 DNA 都变性，再将 pH 调至中性，质粒 DNA 复性，而染色体 DNA 不会复性，通过离心，染色体 DNA 与不稳定的 RNA、蛋白质、SDS 复合物等一起沉淀下来而被除去。质粒 DNA 留在上清液中。

从细菌中提取分离质粒 DNA 的方法都包括 3 个基本步骤：培养细菌使质粒扩增；收集和裂解细胞；提取和分离质粒 DNA。

2. 质粒 DNA 的提取　紫外分光光吸收法检测质粒 DNA 浓度和纯度。

【实验设备、材料和试剂】

（一）实验设备、器材

微量移液器（20 μl，200 μl，1 000 μl），台式高速离心机，恒温振荡摇床，灭菌锅，旋涡振荡器。

（二）材料

大肠杆菌，蛋白胨（Tryptone），酵母提取物（Yeast extract），NaCl，NaOH，去离子水或重蒸水，Tris-HCl，冰醋酸，葡萄糖，乙二胺四乙酸（EDTA），十二烷基硫酸钠（SDS），KAc，氯仿，酚，异戊醇，Eppendorf 离心管（1.5 ml，预先高温高压灭毒）及其离心管架。

（三）试剂

1. 10＊D葡萄糖　20 g 葡萄糖溶于 100 ml 去离子水，115 ℃高压下蒸汽灭菌 15 min。

2. LB液体培养基　蛋白胨 1 g，酵母提取物 0.5 g，NaCl 1 g，琼脂 1.5～2 g，水 100 ml，pH 7.0。

3. 溶液Ⅰ　50 mmol/L 葡萄糖，25 mmol/L Tris-HCl（pH 8.0），10 mmol/L EDTA（pH 8.0）。溶液Ⅰ可成批配制，每瓶 100 ml，高压灭菌 15 min，储存于 4 ℃冰箱。

4. 溶液Ⅱ　0.2 mol/L NaOH（临用前用 10 mol/L NaOH 母液稀释），1%SDS。

5. 溶液Ⅲ　5 mol/L KAc 60 ml，冰醋酸 11.5 ml，H_2O 28.5 ml，定容至 100 ml，高压灭菌。溶液终浓度为 K+3 mol/L，Ac－5 mol/L。

6. 酚：氯仿：异戊醇＝25：24：1　氯仿可使蛋白质变性有助于液相与有机相的分开，异戊醇则起到消除抽提过程中出现的泡沫。按体积：体积＝1：1 混合上述饱和酚与氯仿即得酚：氯仿＝1：1。酚和氯仿均有很强的腐蚀性，操作时应戴手套。

7. TE 缓冲液　10 mmol/L Tris-HCl（pH 8.0），1 mmol/L EDTA（pH 8.0）。高压灭菌后储存于 4 ℃冰箱。

【实验操作】

培养细菌使质粒扩增；收集和裂解细胞；提取和分离质粒 DNA。

（一）细菌的培养

大肠杆菌菌株接种在 LB 固体培养基（含 50 μg/mlAmp）中，37 ℃培养 12～24 h。用无菌牙签挑取单菌落接种到 5 ml LB 液体培养基（含 50 μg/mlAmp）中，37 ℃剧烈振荡培养约 16 h 至对数生长后期。

（二）质粒 DNA 的提取

1. 取 1.5 ml 菌液移入 1.5 ml EP 管中，室温 8 000 rpm 离心 30 s，弃上清，将离心管倒置，使液体尽可能流尽。

2. 将细菌沉淀重悬于 100 μl 预冷的溶液Ⅰ中，剧烈振荡，室温下放置 5～10 min，使菌体分散混匀。

3. 加入 200 μl 新鲜配制的溶液Ⅱ，快速温和翻转数次混匀，并将离心管放置于冰上 3～5 min，使细胞膜裂解（溶液Ⅱ为裂解液，故离心管中菌液逐渐变清）。

4. 加入 150 μl 预冷的溶液Ⅲ，将管温和颠倒数次混匀，此时可见白色絮状沉淀，可在冰上放置 3～5 min。

5. 4 ℃下，12 000 rpm 离心 5 min，吸取上清液至新的离心管中。

（三）去蛋白质

加入等体积的苯酚/氯仿/异戊醇，振荡混匀，4 ℃下 12 000 rpm 离心 5 min。

（四）分离质粒DNA

1. 小心移出上层液体于一新离心管中，加入2倍体积预冷的无水乙醇，混匀后放置冰上20 min，4 ℃下12 000 rpm离心5～10 min。

2. 用400 μl预冷的70%乙醇洗涤沉淀1～2次，4 ℃下8 000 rpm离心10 min，弃上清，将沉淀在室温下晾干。

3. 加入50 μl TE(含20 μg/ml RNA酶，不含DNA酶)溶解DNA。－20 ℃保存备用。

（五）质粒DNA的紫外测定

取30 μl DNA溶解液用TE稀释后，测定A_{260}和A_{280}，以TE作空白调零。

【结果分析】

1. 计算质粒DNA浓度(μg/ml)

质粒DNA浓度(μg/ml)＝稀释倍数×A_{260}×50×0.05/1.5

2. 分析质粒DNA纯度

若A_{260}/A_{280}＝1.8，纯的DNA样品。

若A_{260}/A_{280}＞1.8，说明混有RNA。

若A_{260}/A_{280}＜1.8，说明混有杂蛋白、苯酚等。

【注意事项】

1. 提取过程尽可能保持低温。
2. 提取质粒过程中除去蛋白很重要，采用苯酚/氯仿去除效果好。
3. 沉淀DNA通常用冰乙醇，在低温条件下放置时间稍长可使DNA沉淀完全。

【思考题】

1. 质粒有哪些基本性质？
2. 使用碱裂解法提取质粒DNA操作过程中应注意哪些问题？
3. 实训中数次离心，每次离心后应保留哪部分？弃去的部分主要含什么？
4. 质粒DNA的纯化需要哪些试剂？它们发挥怎样的作用？

知识与能力测试

1. 生物大分子提取分离的步骤及方法。
2. 细胞破碎的原理和方法。
3. 生物大分子的提取方法及影响因素。
4. 何谓盐析？其原理是什么？
5. 盐析沉淀法的一般操作步骤是什么？影响盐析的主要因素有哪些？
6. 实验3-3中的盐析产物IgG中含有少量的Na_2SO_4，如何除去？
7. 查阅资料，列举除透析外的其他除盐方法，并比较优缺点。
8. 如何鉴定盐析产物中有目的蛋白质？用什么方法测定目的蛋白质的含量？
9. 利用等电点法获得的酪蛋白纯度较低，请设计酪蛋白进一步纯化的方案，并画出技术路线图。

第四章 层析分离技术

层析(chromatography)是利用混合物各组分物理性质的不同,以不同的比例分配在固定相与流动相中,从而达到分离的目的。其中固定相是由层析基质组成的,基质能与待分离的物质进行可逆交换、溶解或交换等,固定相可以是固体物质或液体物质。流动相是推动固定相上待分离的物质向一定方向移动的液体、气体或超临界体等,在柱层析中,流动相一般称为洗脱剂,薄层层析时则称为展层剂。

按照不同的方法,层析分离技术可以分为不同类型。

根据固定相基质的形式,层析可分为纸层析、薄层层析和柱层析。

根据分离机制,层析可分为吸附层析、分配层析、凝胶层析、离子交换层析、亲和层析等。

根据流动相的形式,层析可分为气相层析和液相层析。

第一节 概 述

层析(chromatography)是“色层分析”的简称。利用混合物中各组分物理性质的不同,将以不同的比例分配在固定相与流动相中,从而将多组分混合物进行分离的方法。层析对生物大分子如蛋白质和核酸等复杂的有机物的混合物的分离分析有极高的分辨力。

一、层析的基本概念

固定相:由层析基质组成的,可以是固体物质(如吸附剂、凝胶、离子交换剂等),也可以是液体物质(如固定在纤维素或硅胶上的液体),这些基质能与待分离的物质进行可逆交换、溶解或交换等。

流动相:在层析过程中,推动固定相上待分离的物质向一定方向移动的液体、气体或超临界体等,都可以成为流动相。柱层析中一般称为洗脱剂,薄层层析时称为展层剂。

分配系数:在一定条件下,某一组分在固定相和流动相中含量的比值,常用 K 来表示。分配系数是层析技术中分离纯化物质的重要依据。

迁移率:又叫比移值。在一定条件下,某一组分在相同的时间内,在固定相移动的距离与流动相本身移动的距离的比值,常用 Rf 来表示。

相对迁移率：在一定条件下，在相同的时间内，某一组分在固定相移动的距离与某一标准物质在固定相中移动的距离的比值，可以小于、等于或大于 1，常用 Rx 来表示。

分辨率（或分离度）：用于判断相邻两组分在层析柱中的分离情况的，是指相邻两个峰的分开程度，可以用两个层析峰保留值之差或两峰底宽的平均值之比来表示。常用 Rs 来表示。

二、层析的基本原理

层析分离技术（chromatographic technique）是一种物理分离方法，利用混合物中各组分的物理化学性质差异，使各组分以不同速度移动而分配在两个相中。其中一相为固定相，通常为表面积很大的或多孔性固体；另一相为流动相，是液体或气体。当待分离的混合物随流动相流过固定相时，由于物质在两相中的分配（含量比）不同，且随流动相向前移动，各组分不断地在两相中经过多次差别分配达到分离。简单地说，易于分配于固定相中的物质移动速度慢，易于分配于流动相中的物质移动速度快，因而逐步分离。

与其他分离技术相比，层析分离具有分离效率高，应用范围广，选择性强，设备要求简单、操作方便且不含强烈的操作条件等特点，但是处理量小、操作周期长、不能连续操作，因而主要用于实验室，工业生产上应用较少。

三、层析分离技术的分类

（一）依操作形式分类

根据固定相基质的形式分类，层析可分为纸层析、薄层层析和柱层析，如图 4－1、图 4－2、图 4－3。纸层析是以滤纸作为基质的层析；薄层层析是将基质在玻璃或塑料等光滑的表面铺成一薄层，在薄层上进行层析；柱层析是将基质填装在管中形成柱形，在柱中形成层析。纸层析和薄层层析主要适用于小分子物质的快速检测分析和少量分离制备，通常为一次性使用，而柱层析为常用的层析方式，适用于样品的分析、分离。生物化学技术中常用的凝胶层析、离子交换层析、亲和层析、高效液相层析等常采用柱层析方式。

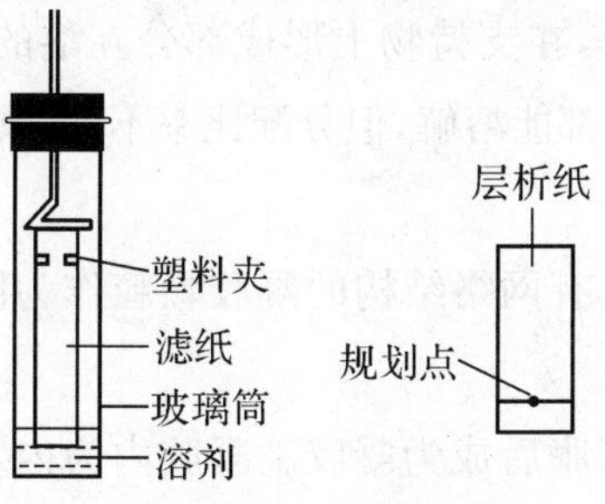

图 4－1　纸层析

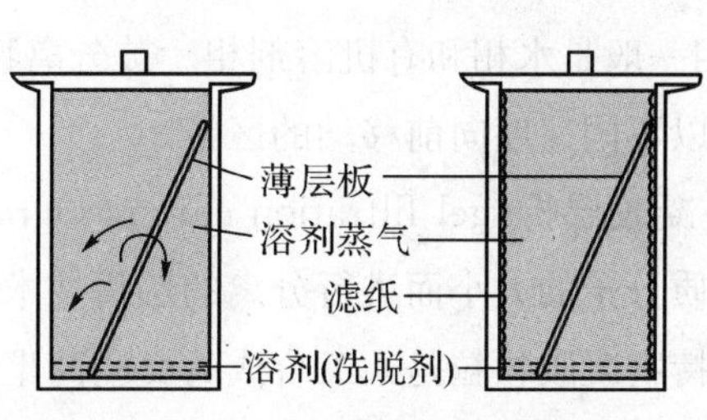

图 4－2　薄层层析法

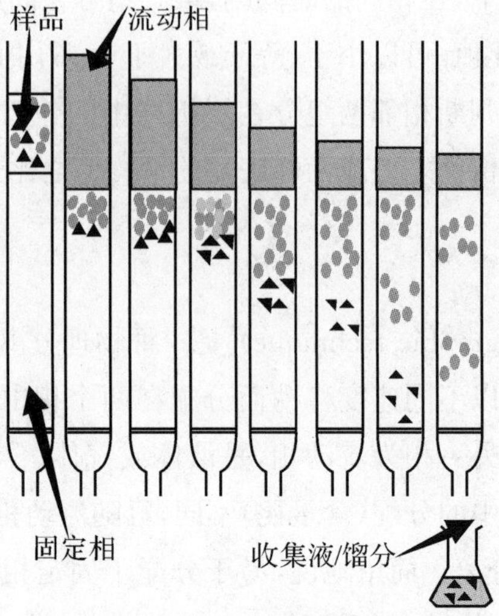

图 4-3　柱层析

（二）依分离机制分

1. 吸附层析　以吸附剂为固定相，根据待分离物与吸附剂之间的吸附力不同达到分离目的的一种层析技术。吸附剂的吸附力强弱，是由能否有效地接受或供给电子，或提供和接受活泼氢来决定。被吸附物的化学结构如与吸附剂有相似的电子特性，吸附就更牢固。按照吸附力的强弱，常用吸附剂为：活性炭、氧化铝、硅胶、氧化镁、碳酸钙、磷酸钙、石膏、纤维素、淀粉和糖等，以活性炭的吸附力最强。吸附剂在使用前须先用加热脱水等方法活化。大多数吸附剂遇水即钝化，因此吸附层析大多用于能溶于有机溶剂的有机化合物的分离，较少用于无机化合物。洗脱溶剂的解析能力的强弱顺序是：醋酸、水、甲醇、乙醇、丙酮、乙酸乙酯、醚、氯仿、苯、四氯化碳和己烷等。为了能得到较好的分离效果，常用两种或数种不同强度的溶剂按一定比例混合，得到合适洗脱能力的溶剂系统，以获得最佳分离效果。

2. 分配层析　在一个有两相存在的溶剂系统中，根据不同物质的分配系数不同而达到分离目的的层析技术。常用支持物是硅胶、纤维素和淀粉等，在支持物上形成部分互溶的两相系统，两相一般是水相和有机溶剂相。被分离物质在两相中都能溶解，但分配比率不同，展层时就会形成以不同速度向前移动的区带。

3. 凝胶层析(gel filtration chromatography)　以具有网络结构的凝胶颗粒作为固定相，根据物质分子的大小而进行分离的层析技术。

支持物凝胶颗粒是人工合成的交联高聚物，在水中膨胀后成为凝胶。凝胶内为内水层，凝胶周围的水为外水层。控制交联度以形成不同孔径的网状结构。交联度小的孔径大，交联度大的孔径小。凝胶只允许被分离物质中小于孔径的分子进入，大于孔径的分子被排斥在外水层，最先被洗脱下来，如图 4-4。而进入凝胶孔径的分子也按分子量大小大致分离成不同的区带。

选择不同规格的凝胶，可把一个混合物按分子量的差异分成不同的组分，这种方法曾被称为分子筛。目前常用的凝胶商品有：葡聚糖凝胶（sephadex）、聚丙烯酰胺凝胶（bio-gel）、琼脂糖凝胶（sepharose）和聚苯乙烯凝胶（styragel）等。

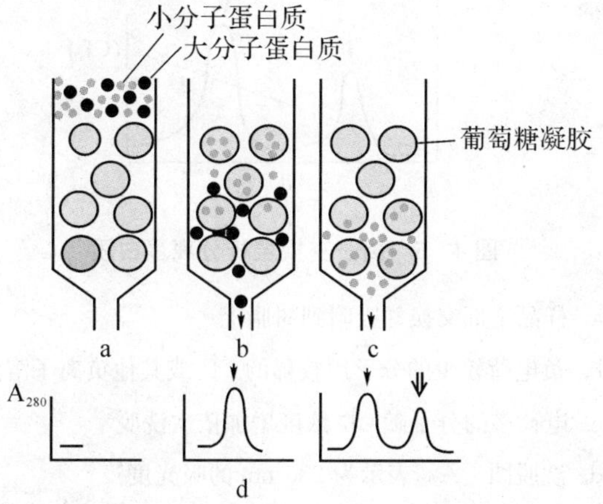

图 4－4　凝胶层析分离蛋白质

a. 大球是葡聚糖凝胶颗粒

b. 样品上柱后，小分子进入凝胶微孔，大分子不能进入，洗脱时大分子先洗脱下来

c. 洗脱时小分子后洗脱下来

d. 洗脱图　A_{280} 表示为 280 nm 的吸光度

4. 离子交换层析（ion exchange chromatography，简称 IEC）

以离子交换剂作为固定相，根据物质的带电性质不同而分离的一种层析技术。支持物是人工交联的带有能解离基团的有机高分子，如离子交换树脂、离子交换纤维素、离子交换凝胶等。带阳离子基团的，如磺酸基（—SO_3H）、羧甲基（—CH_2COOH）和磷酸基等为阳离子交换剂。带阴离子基团的，如 DEAE—（二乙基胺乙基）和 QAE—（四级胺乙基）等为阴离子交换剂。离子交换层析只适用于能在水中解离的化合物，包括有机物和无机物。对于蛋白质、核酸、氨基酸及核苷酸的分离分析有极好的分辨力。离子交换基团在水溶液中解离后，能吸引水中被分离物的离子，各种物质在离子交换剂上的离子浓度与周围溶液的离子浓度保持平衡状态，各种离子有不同的交换常数，K 值愈高，被吸附愈牢。洗脱时，增加溶液的离子强度，如改变 pH，增加盐浓度，离子被取代而解吸下来。洗脱过程中，按 K 值不同，分成不同的区带，如图 4－5 所示。

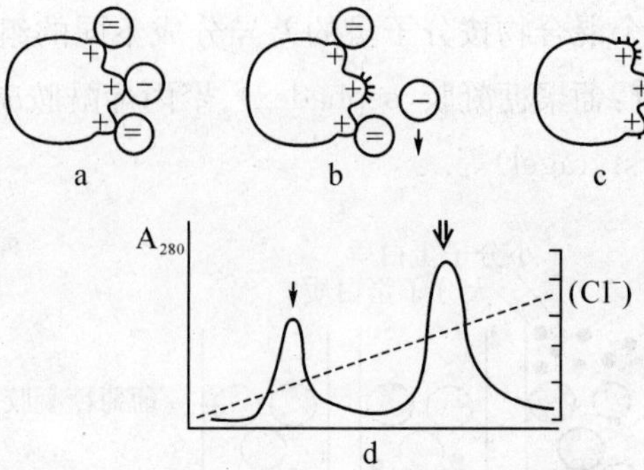

图 4-5　离子交换层析分离蛋白质

a. 样品全部交换并吸附到树脂上

b. 负电荷较少的分子用较稀的 Cl^- 或其他负离子溶液洗脱

c. 电荷多的分子随 Cl^- 浓度增加依次洗脱

d. 洗脱图　A_{280} 表示为 280 nm 的吸光度

5. 亲和层析　根据生物大分子和配体之间的特异性亲和力(如酶和抑制剂、抗体和抗原、激素和受体等),将某种配体连在载体上作为固定相,而对能与配体特异性结合的生物大分子进行分离的一种层析技术。亲和层析是分离生物大分子最有效的层析技术,具有很高的分辨率。

亲和层析是一种吸附层析,抗原(或抗体)和相应的抗体(或抗原)发生特异性结合,而这种结合在一定的条件下又是可逆的。所以将抗原(或抗体)固相化后,就可以使存在液相中的相应抗体(或抗原)选择性地结合在固相载体上,借以与液相中的其他蛋白质分开,达到分离提纯的目的,如图 4-6 所示。

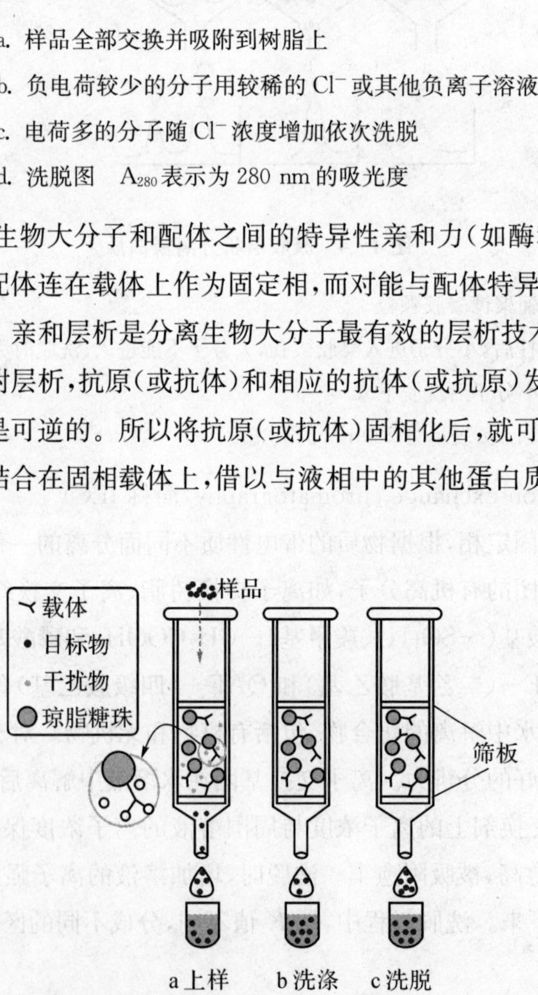

图 4-6　亲和层析分离蛋白质

(三) 依流动相分

依流动相的形式分类,可分为气相层析和液相层析。

（1）气相层析：指流动相为气相的层析。

（2）液相层析：指流动相为液相的层析。

气相层析测定样品时需要气化，大大限制了其在生化领域的应用。主要用于氨基酸、核酸、糖类、脂肪酸等小分子物质的分析鉴定。而液相层析是生物领域最常用的层析方式，适于生物样品的分析、分离。

第二节　实践训练

实验 4-1　纸层析法分离及鉴定氨基酸

【实验目的】

1. 理解分配层析的原理。

2. 初步学会氨基酸纸层析方法的操作技术。

3. 学习未知样品氨基酸的分析方法。

【实验原理】

分配层析法是利用不同物质在两个互不相容的溶剂中分配情况不同而使之得到分离的方法。纸层析法是用层析滤纸作支持剂，以层析滤纸上所吸附的水作固定相，用与水不相混溶或相混溶的溶剂作展开剂，是流动相。将欲分离的样品液点在纸条上晾干。当流动相沿纸条移动时，带动着试样中的各组分以不同的速率向前移动，在一定时间内，不同组分被带到纸上的不同部位，出现层析现象，以达到分离的目的。然后用茚三酮显色，与标准氨基酸进行对比，即可鉴别样品中所含氨基酸的种类，从显色斑点颜色的深浅可大致确定其含量。

溶质在滤纸上的移动速度用 Rf 值表示：

Rf＝原点到层析斑点中心的距离/原点到溶剂前沿的距离

【试剂、器材和设备】

1. 器材和设备　层析滤纸，层析缸或大烧杯，大培养皿，直尺，铅笔，喷雾器，塑料薄膜，毛细管，烘箱。

2. 试剂

（1）扩展剂：将 4 体积正丁醇和 1 体积冰醋酸放入分液漏斗中，与 1 体积水混合，充分振荡，静置后分层，弃去下层水层。

（2）氨基酸溶液：0.5%的已知氨基酸溶液 3 种（谷氨酸、苯丙氨酸、缬氨酸），0.5%的待测混合氨基酸液。

（3）显色剂：0.1%水合茚三酮正丁醇溶液。

【实验操作】

1. 平衡　准备一干净的层析缸或大烧杯，向其中倒入 20 ml 扩展剂溶液，用塑料薄膜密封起来，平衡 20 分钟。

2. 规划　戴上手套，取宽约 14 cm、高约 22 cm 的层析滤纸一张。在纸的下端距边缘 2 cm 处轻轻用铅笔划一条平行于底边的直线 A，在直线上做 4 个记号，记号之间间隔 2 cm，这就是原点的位置。另在距左边缘 1 cm 处画一条平行于左边缘的直线 B，在 B 线上以 A、B 两线的交点为原点标明刻度(以 cm 为单位)，参见图 4-7。

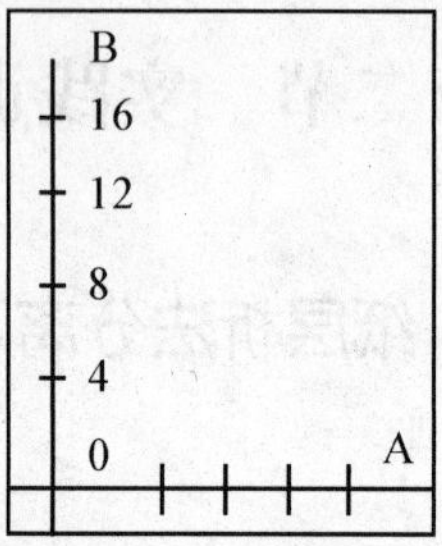

图 4-7　规划

3. 点样　用毛细管或微量注射器分别取氨基酸样品(每取一个样之前都要用蒸馏水洗涤微量注射器或更换毛细管，以免交叉污染)，点在这四个位置上。挤一滴点一次，同一位置上需点 2～3 次，每次 2～3 μl，每点完一点，立刻用电吹风热风吹干后再点，以保证每点在纸上扩散的直径最大不超过 3 mm。其中 3 个是已知样，1 个是待测样品。

4. 层析　用透明胶带将滤纸缝成筒状，纸的两侧边缘不能接触且要保持平行，参见图 4-8。向层析缸或大烧杯中加入扩展剂，使其液面高度达到 1 cm 左右，将点好样的滤纸筒直立于层析缸或大烧杯中(点样的一端在下，扩展剂的液面在 A 线下约 1 cm)，仍用塑料薄膜密封杯口。当扩展剂上升到 A 线时开始计时，每隔一定时间测定一下扩展剂上升的高度。当上升到 15～18 cm，取出滤纸，剪断连线，立即用铅笔描出溶剂前沿线，迅速用电吹风热风吹干。

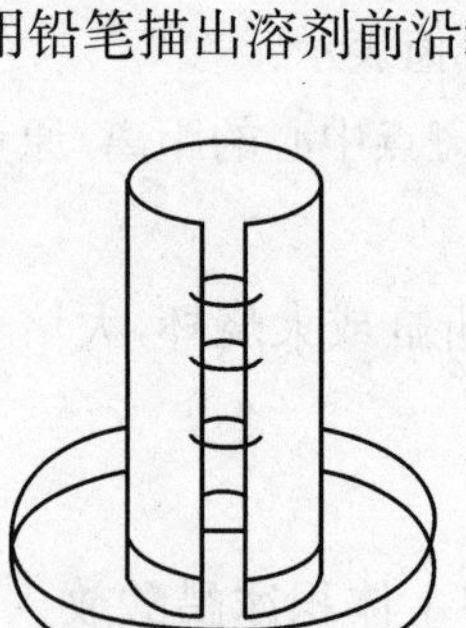

图 4-8　层析

5. 显色　用喷雾器在通风橱中向滤纸上均匀喷上显色剂，喷雾时应控制使滤纸恰好湿润而无液滴流下。喷雾后的滤纸用电吹风吹干。待正丁醇挥发后，置于 65～70 ℃烘箱加热 20～30 分钟，有氨基酸存在的地方逐渐显出蓝紫色斑点，仅脯氨酸为黄色斑点。用铅笔将斑点圈出，并复印或摄影保存，参见图 4-9。

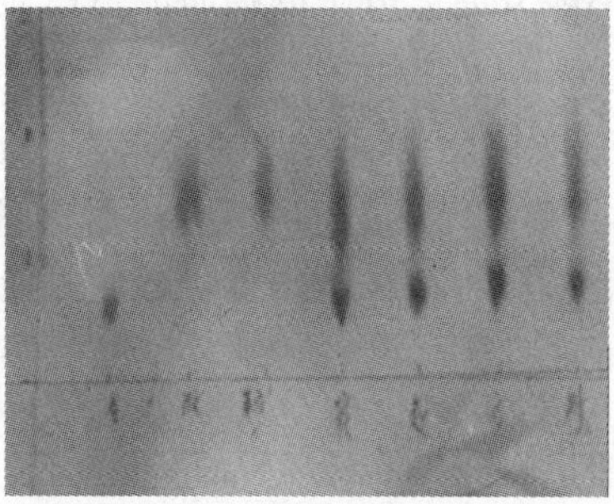

图 4-9　显色

【结果分析】

1. 用直尺分别测定原点到溶剂前沿的距离、原点到各层析斑点中心的距离，计算溶质在滤纸上的移动速度 Rf 值，把数据填入表 4-1。并根据待测液的层析斑的个数，可确定含多少种氨基酸，色斑的大小可初步判断氨基酸的相对含量的多少。

表 4-1　不同氨基酸纸层析结果

组　数	谷氨酸	苯丙氨酸	缬氨酸	待测氨基酸
原点到溶剂前沿的距离(cm)				
原点到层析斑点中心的距离(cm)				
Rf				

2. 如何计算待测样品中各种氨基酸的含量？

$$氨基酸含量(mg/kg) = \frac{V_0 \times m_2}{V \times m_1}$$

式中：V_0——样品溶液的总体积，ml；

V——点样用样品溶液的体积，ml；

m_1——样品的质量，g；

m_2——样品色斑相当于标准氨基酸的量，μg。

实验 4-2　离子交换色谱分离混合氨基酸

【实验目的】

1. 学习采用离子交换树脂分离氨基酸的基本原理。

2. 掌握离子交换柱层析法的基本操作技术。

【实验原理】

离子交换层析是用离子交换剂(具有离子交换性能的物质)作固定相，利用它与流动相中的离子能进行可逆的交换性质来分离离子型化合物的层析方法。带电荷量少，亲和力小的先被洗脱下来，带电荷量多，亲和力大的后被洗脱下来。离子交换树脂分离小分子的物质如氨基酸、腺苷、腺苷酸是比较理想的，但是不能分离大分子的物质如蛋白质，因为它们不能扩散到树脂的链状结构中。

本实验使用强酸型阳离子交换树脂 Dowex50 分离天冬氨酸、丙氨酸和赖氨酸的混合液。在特定 pH 的条件下，它们的解离程度不同，通过改变洗脱液的 pH 或离子强度可分别洗脱分离。利用氨基酸可与茚三酮反应生成有色化合物进行氨基酸鉴定。

【试剂、器材和设备】

1. 试剂　阳离子交换树脂 Dowex50，2 mol/L HCl，2 mol/L NaOH，0.1 mol/L HCl，0.1 mol/L NaOH。

pH4.2 柠檬酸缓冲液：0.1 mol/L 柠檬酸 54 ml 和 0.1 mol/L 枸橼酸钠 46 ml 配成。

pH5.0 醋酸缓冲液：0.2 mol/L 醋酸钠 70 ml 和 0.2 mol/L 醋酸 30 ml 配成。

氨基酸混合液：天冬氨酸(PI=2.97)、丙氨酸(PI=6.00)和赖氨酸(PI=9.74)的混合液 5 ml。

2. 器材和设备　层析柱，恒流泵，水浴锅，量筒，紫外分光光度计。

【实验操作】

1. 新树脂的处理和转型　将干的强酸型树脂用蒸馏水浸泡过夜，使之充分溶胀。用 4 倍体积的 2 mol/L 的盐酸浸泡 1 h，倾去清液，洗至中性。再用 2 mol/L 的氢氧化钠处理，做法同上。最后用 pH4.2 柠檬酸缓冲液浸泡备用。

2. 树脂装柱　取直径 1 cm，长度 10～12 cm 的层析柱。将柱垂直置于铁架上。自顶部注入上述经处理的树脂悬浮液，关闭层析柱出口，待树脂沉降后，放出过量溶液，再加入一些树脂，至树脂沉降至 8～10 cm 的高度即可。装柱要求连续、均匀，无纹格、无气泡，表面平整。液面不低于树脂。

3. 平衡　将 pH4.2 柠檬酸缓冲液瓶与恒流泵相连，恒流泵出口与层析柱入口相连，于柱子顶端继续加入 pH4.2 柠檬酸缓冲液，使流出液为 pH4.2 为止，关闭层析柱出口，使液面高出树脂表面 1 cm。

4. 加样、洗脱与收集　揭去层析柱上口盖子，待柱内液面至树脂表面 1～2 mm 关闭出口，沿管壁四周小心加入5 ml样品仔细加到树脂顶端，慢慢打开出口，使其流入柱内。当样品液凹液面靠近树脂顶端时，加入 0.1 mol/L HCl 3 ml，以 10～12 滴/分钟的流速洗脱，每管收集 1 ml。当 HCl 液面刚平树脂顶端时，先用 1 ml 柠檬酸缓冲液冲洗柱壁数次，然后注入柠檬酸缓冲液至液面高 3～4 cm，接恒流泵，保持 10～12 滴/min 的流速洗脱，每管收集 1 ml。

5. 洗脱液检测　向各管收集液中加 0.5 ml 醋酸缓冲液和 0.5 ml 水合茚三酮显色剂并混匀，在沸水浴中准确加热 10 min，如溶液变成蓝紫色说明氨基酸已经洗脱。颜色深浅可代表氨基酸浓度，可比色测定 A_{570} 波长的光吸收值。

【实验结果】

根据氨基酸的解离性质，分析该实验条件下氨基酸从层析柱洗脱下来的顺序。

【注意事项】

在装柱时必须防止气泡、分层及柱子液面在树脂表面以下等现象发生。

实验 4－3 葡聚糖凝胶层析脱盐及分离蛋白质

【实验目的】

1. 理解凝胶过滤层析的原理。

2. 学会凝胶处理操作和凝胶柱层析操作技术。

3. 学会柱层析收集样品的分析方法。

【实验原理】

凝胶层析也称分子排阻(molecular-exclusion)层析，是根据分子大小分离蛋白质混合样品的方法之一。当含有不同大小分子的蛋白质混合样品加在凝胶介质顶端并用流动相进行洗脱时，大分子蛋白无法进入多孔凝胶颗粒内部，所以会直接随流动相经凝胶颗粒之间的空隙最先被洗脱下来；小分子可进入凝胶颗粒内部，因为受到较大阻滞而最晚洗脱下来；中等大小的分子进入凝胶颗粒内部但并不深入，因而在两者之间被洗脱下来。

凝胶层析的突出优点是操作条件比较温和，可在相当广的温度范围下进行，分离生物大分子时不需要使用有机溶剂，对于生物大分子有很好的分离效果和较高的回收率。凝胶层析的突出缺点是分离速度比较慢，一般会造成样品稀释。

【试剂、器材和设备】

1. 器材和设备　玻璃层析柱(一端带筛网)，恒流泵，高速冷冻离心机，研钵，电子天平，0.22 μm 滤膜与滤器，微量移液器(200～1 000 μl)，胶头滴管，具塞刻度试管，秒表，试管架，记号笔，大烧饼。

2. 试剂

(1) 层析介质：Sephadex G-25，洗脱剂，去离子水。

(2) 去离子水，新鲜蛋清，硫酸铵，1%氯化钡试剂。

(3) 双缩脲试剂：配制 0.1 g/ml 氢氧化钠溶液，为双缩脲试剂 A；配制 0.01 g/ml 硫酸铜溶液，为双缩脲试剂 B；使用时，先向样品中加入 1 ml 试剂 A，再加入 3 滴试剂 B，观察显色情况。

【实验操作】

1. 材料准备　取新鲜蛋清 2 ml 于试管中，加入 2 ml 去离子水混合均匀。查表 4－2 和表 4－3 计算该蛋清溶液硫酸铵饱和度达到 50%所需要硫酸铵的量，准确称取硫酸铵研磨后少量多次加入到蛋清溶液中。静置 5 min 后 8 000 r/min 离心 10 min，弃沉淀取上清液。

表 4-2 25 ℃下硫酸铵水溶液由原来饱和度达到所需饱和度时每升硫酸铵水溶液应加入的固体硫酸铵的质量(g)

	硫酸铵终浓度，饱和度(%)																	
	0	10	20	25	30	33	35	40	45	50	55	60	65	70	75	80	90	100
	每一升溶液加固体硫酸铵的克数																	
硫酸铵初浓度，饱和度(%)	0	56	114	144	176	196	209	243	277	313	351	390	430	472	516	561	662	707
	10		57	86	118	137	150	183	216	151	288	326	365	406	449	494	592	694
	20			29	59	78	81	123	155	189	225	262	300	340	382	424	520	619
	25				30	49	61	93	125	158	193	230	267	307	348	390	485	583
	30					19	30	62	94	127	162	198	235	273	314	356	449	546
	33						12	43	74	107	142	177	214	252	292	333	426	522
	35							31	63	94	129	164	200	238	278	319	411	506
	45									32	65	99	134	171	210	250	339	431
	50										33	66	101	137	176	214	302	392
	55											33	67	103	141	179	264	353
	60												34	69	105	143	227	314
	65													34	70	107	190	275
	70														35	72	153	237
	75															36	115	198
	80																77	157
	90																	79

查表计算上面得到的上清液硫酸铵饱和度达到 100%所需要硫酸铵的量，准确称取硫酸铵研磨后少量多次加入到蛋清溶液中。静置 5 分钟后 8 000 r/min 离心 10 min，弃上清取沉淀。向沉淀中加入 8 ml 去离子水溶解，0.22 μm 滤膜过滤待用。

2. 凝胶预处理　根据表 4-4 所示的层析柱规格，称取适量 Sephadex G-25 于烧杯中，加入大量去离子水，加热沸水溶胀 2 h。溶胀结束后冷却至室温，进行反复漂洗，倾去表面悬浮的细小颗粒，调整凝胶上层水位控制凝胶体积∶水体积约为 1∶1，待用。

表 4-3　0 ℃下硫酸铵水溶液由原来饱和度达到所需饱和度时每升硫酸铵水溶液应加入的固体硫酸铵的质量(g)

	硫酸铵终浓度，饱和度(%)																	
		20	25	30	35	40	45	50	55	60	65	70	75	80	85	90	95	100
	每 100 ml 溶液加固体硫酸铵的克数																	
硫酸铵初浓度，饱和度(%)	0	10.6	13.4	16.4	19.4	22.6	25.8	29.1	32.6	36.1	39.8	43.6	47.6	51.6	55.9	60.3	65.0	69.7
	5	7.9	10.8	13.7	16.6	19.7	22.9	26.2	29.6	33.1	36.8	40.5	44.4	48.4	52.6	57.0	61.5	66.2
	10	5.3	8.1	10.9	13.9	16.9	20.0	23.3	26.6	30.1	33.7	37.4	41.2	45.2	49.3	53.6	58.1	62.7
	15	2.6	5.4	8.2	11.1	14.1	17.2	20.4	23.7	27.1	30.6	34.3	38.1	42.0	46.0	50.3	54.7	59.2
	20	0	2.7	5.5	8.3	11.3	14.3	17.5	20.7	24.1	27.6	31.2	34.9	38.7	42.7	46.9	51.2	55.7
	25		0	2.7	5.6	8.4	11.5	14.6	17.9	21.1	24.5	28.0	31.7	35.5	39.5	43.6	47.8	52.2
	30			0	2.8	5.6	8.6	11.7	14.8	18.1	21.4	24.9	28.5	32.3	36.2	40.2	44.5	48.8
	35				0	2.8	5.7	8.7	11.8	15.1	18.4	21.8	25.4	29.1	32.9	36.9	41.0	45.3
	40					0	2.9	5.8	8.9	12.0	15.3	18.7	22.2	25.8	29.6	33.5	37.6	41.8
	45						0	2.9	5.9	9.0	12.3	15.6	19.0	22.6	26.3	30.2	34.2	38.3
	50							0	3.0	6.0	9.2	12.5	15.9	19.4	23.0	26.8	30.8	34.8
	55								0	3.0	6.1	9.3	12.7	16.1	19.7	23.5	27.3	31.3
	60									0	3.1	6.2	9.5	12.9	16.4	20.1	23.1	27.9
	65										0	3.1	6.3	9.7	13.2	16.8	20.5	24.4
	70											0	3.2	6.5	9.9	13.4	17.1	20.9
	75												0	3.2	6.6	10.1	13.7	17.4
	80													0	3.3	6.7	10.3	13.9
	85														0	3.4	6.8	10.5
	90															0	3.4	7.0
	95																0	3.5
	100																	0

3. 层析柱的准备　取一支层析柱，检查密封性后用去离子水冲洗干净，将柱子垂直固定。向柱子中加入一定量的去离子水，排尽底端气泡后维持层析柱内一定高度去离子水水位，关闭下端出口。

表 4-4　凝胶量与型号和层析柱大小与规格及凝胶用量

层析柱规格			凝胶的规格和用量(g)
直径(cm)	高(cm)	容量(ml)	G-25
0.9	15	9.5	2.5
0.9	30	19	5
0.9	60	38	10
1.6	20	40	10
1.6	40	80	20
1.6	70	140	35
1.6	100	200	50
2.6	40	210	50
2.6	70	370	90
2.6	100	530	130
2.6	60	1 000	250

4. 装柱　取预处理后的凝胶轻轻搅动成悬浮液，打开出水口，不断向柱内注入凝胶，直到凝胶沉淀至所需高度为止，记录床体积，维持凝胶顶端 2～4 cm 高度水位。若凝胶柱内有气泡、断层，或装柱过程中出现表面干水或表面歪斜，应重新装柱。

5. 平衡　层析柱顶端连接去离子水和恒流泵，底端用大烧杯收集流出液，泵设定流速用 3 倍床体积洗脱剂冲洗进行平衡。

6. 上样　平衡结束后关闭泵，保持出水口排水至胶床顶端与水层弯月面相切时关闭出口，加入 0.5 ml 蛋白样品，加样过程中防止上层凝胶浮起。打开出口，层析柱底端开始用具塞刻度试管收集流出液，每管 2 ml，按照收集顺序编号。当样品液流入凝胶内部，液面与胶床齐平，关闭出口。

7. 洗脱和收集　向胶床顶端加入 2～4 cm 高度液位的洗脱液，层析柱顶端连接洗脱液和恒流泵，打开泵调节流速约为 0.5 ml/min。用 2 倍床体积洗脱液进行洗脱，底端继续用具塞刻度试管收集洗脱液，每管 2 ml。洗脱结束后关闭出口和泵。

8. 洗脱液检测　向每管中分别取部分洗脱液至两支干净试管中，向一支试管中加入双缩脲试剂，根据是否显色和颜色深浅，判断蛋白质在各管中的浓度。向另一支试管中加入几滴氯化钡试剂，根据是否生成白色沉淀和白色沉淀的多少，判断每管中硫酸根离子的浓度。

9. 凝胶再生　打开出水口和泵，继续用 2～3 倍床体积洗脱液冲洗，结束后关闭出口，以备下次使用。

【结果分析】

以收集洗脱液的管号为横坐标，分别以蛋白质显色颜色深浅和白色沉淀多少为纵坐标(以＋表示多少)，在同一坐标中绘制两条洗脱曲线，根据洗脱曲线判断脱盐效果。

知识与能力测试

1. 市场销售一氨基酸营养口服液，说明书说含有 8 种氨基酸及其他成分。请问用什么方法检测该口服液中是否含有氨基酸及氨基酸的相对含量？

2. 凝胶层析分离蛋白质的实验中，最先洗脱的是什么物质？最后洗脱的是什么物质？

3. 设计题：要求设计一套谷氨酸发酵液的分离纯化方法，最终得到纯化的谷氨酸液（建议使用等电点沉淀技术、离子交换技术）。

第五章　离心分离技术

离心分离技术是借助于离心机旋转所产生的离心力，根据物质颗粒的沉降系数、质量、密度及浮力等因子的不同，而使物质分离的技术。其中的离心力(F)常用重力加速度(g)的倍数来表示，沉降系数(S)用于描述生物大分子的大小。离心技术是蛋白质、酶、核酸及细胞亚组分分离纯化的常用方法之一。

离心机的种类繁多，按转速可分为常速(低速)离心机、高速离心机和超速离心机三种。它们的特点和应用范围有所不同，应用时可根据需要选择。

离心的方法主要有差速离心法、密度梯度区带离心法和等密度区带离心法等。运用不同的离心方法可以对不同的细胞、细胞器、生物大分子等生化物质进行分离。

第一节　基本概念

一、离心技术和离心力

离心分离技术是借助于离心机旋转所产生的离心力，根据物质颗粒的沉降系数、质量、密度及浮力等因子的不同，而使物质分离的技术。为方便起见，离心力(F)常用相对离心力(Relative Centrifugal Force，RCF)来表示，也就是重力加速度(g)的倍数来表示。即把 F 值除以 g(约等于 9.8 m/s^2)得到离心力是重力的多少倍，称作多少个 g。例如离心力是 $240\ 000\times g$，表示作用在被离心物质上的离心力是地心引力的 24 万倍。常见细胞器离心沉淀所需的离心力列于表 5-1。

表 5-1　常见细胞器离心沉淀所需的离心力

结　构	离心力
细胞核	800 g
线粒体	20 000 g
叶绿体	20 000 g
溶酶体	20 000 g
微体	20 000 g
粗面内质网	50 000 g

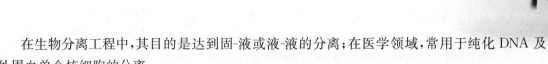

在生物分离工程中，其目的是达到固-液或液-液的分离；在医学领域，常用于纯化 DNA 及外周血单个核细胞的分离。

二、沉降系数

对于某些大分子化合物，当它们的详细结构和分子量不很清楚时，常常用沉降系数这个概念去描述它们的大小，特别是核酸。沉降系数(sedimentation coefficient)简写成 S，以每单位重力的沉降时间表示，并且通常为(1～200)$\times 10^{-13}$ s 范围，10 的－13 次方这个因子叫做沉降单位 S，即 1S=1$\times 10^{-13}$ s。例如，核糖核酸酶 A 的沉降系数为 1.85$\times 10^{-13}$ s，即可记作 1.85 S；血红蛋白的沉降系数约为 4$\times 10^{-13}$ s 或 4 S。大多数蛋白质和核酸的沉降系数在 4 S 和 40 S 之间，核糖体及其亚基在 30 S 和 80 S 之间，多核糖体在 100 S 以上。

第二节　离心机的种类

离心机按用途有分析用、制备用及分析-制备之分；按结构特点则有管式、吊篮式、转鼓式和碟式等多种；按转速可分为常速(低速)、高速和超速三种。下面按照转速进行分类介绍：

一、常速离心机

常速离心机又称为低速离心机。其最大转速在 8 000 rpm 以内，相对离心力 RCF 在 10^4 g 以下，主要用于分离细胞、细胞碎片以及培养基残渣等固形物及粗结晶等较大颗粒。

二、高速离心机

高速离心机的转速为 8×10^3～2.5×10^4 rpm，相对离心力达 1×10^4～1×10^5 g，主要用于分离各种沉淀物、细胞碎片和较大的细胞器等。为了防止高速离心过程中温度升高而使酶等生物分子变性失活，有些高速离心机装设了冷冻装置，称高速冷冻离心机。

三、超速离心机

超速离心机的转速达 2.5×10^4～8×10^4 rpm，最大相对离心力达 5×10^5 g 甚至更高一些。超速离心机的精密度相当高。为了防止样品液溅出，一般附有离心管帽；为防止温度升高，均有冷冻装置和温度控制系统；为了减少空气阻力和摩擦，设置有真空系统。此外还有一系列安全保护系统、制动系统及各种指示仪表等。

第三节　离心分离方法

离心分离的方法可分为两大类：

一、差速离心(differential centrifugation)

采用不同的离心速度和离心时间,使沉降速度不同的颗粒在不同的分离速度及不同的离心时间下分批分离的方法,称为差速离心法。主要用于分离大小和密度差异较大的颗粒,通常两个组分的沉降系数差在10倍以上时可以用此法分离。

操作时,待离心的溶液为均匀的悬浮液,首先设定好离心力和离心时间,使大颗粒先沉降,取出上清液,再在加大离心力的条件下进行离心,分离较小的颗粒。如此多次离心,使不同大小的颗粒分批分离,如图5-1所示。差速离心所得到的沉降物含有较多杂质,需经过重新悬浮和再离心若干次,才能获得较纯的分离产物。所以这个方法又称为分步离心法。

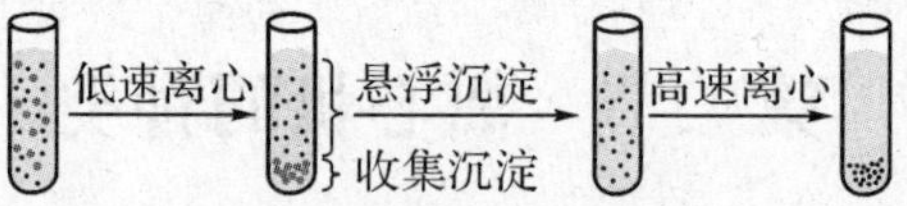

图5-1 差速离心示意图

在实际工作中,通常可以按照大小和密度分离细胞的组分。组分越大密度越高,经受的离心力也最大,移动得最快,它们沉降到试管底部形成颗粒状物,而较小的、密度较低的组分仍保留在上层悬浮液(即上清液)中,如图5-2所示。

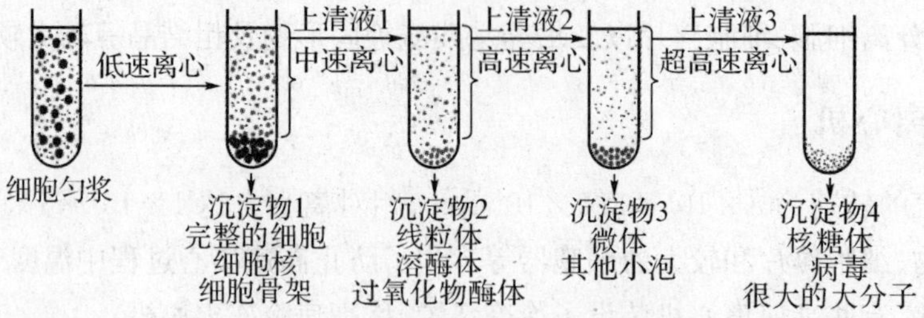

图5-2 差速离心法分离细胞组分示意图

差速离心法操作简单、方便,离心后用倾倒法即可将上清液与沉淀分开,并可使用容量较大的角式转子。但是分离效果较差,分离的沉降物中含有较多的杂质,离心后颗粒沉降到离心管底部,并使沉降的颗粒受到挤压。

二、密度梯度区带离心法(density gradient banding centrifugation)

密度梯度区带离心法是将样品置于一定惰性梯度介质中进行离心沉淀或沉降平衡,在一定离心力下把颗粒分配到梯度中某些特定位置上,形成不同区带的分离方法,简称区带离心法。其原理是由于不同颗粒之间存在沉降系数差时,在一定离心力作用下,颗粒各自以一定速度沉降,在介质的密度梯度不同区域上形成区带。可以同时使样品中几个或全部组分分离,具有良好的分辨率。

介质密度梯度需预先用梯度混合器制备形成，且必须满足以下要求：梯度介质有足够大的溶解度，不与分离组分反应，不会引起分离组分的凝结、变性或失活。样品铺在密度梯度溶液表面，离心后形成若干条界面清楚的不连续区带。

与差速离心法相比，密度梯度离心法具有以下三个方面的优点：①分离效果好，可一次获得较纯颗粒；②适应范围广，既能分离具有沉淀系数差的颗粒，又能分离有一定浮力密度的颗粒；③颗粒不会积压变形，能保持颗粒活性，并防止已形成的区带由于对流而引起混合。但是离心时间较长；需要制备梯度；操作严格，不易掌握。

依据介质密度梯度的特点，可分为差速区带离心法和等密度区带离心法两种类型。

（一）差速区带离心法

差速区带离心法又称动态法或沉降速度法。根据分离的粒子在梯度液中沉降速度的不同，使具有不同沉降速度的粒子处于不同的密度梯度层内分成一系列区带，达到彼此分离的目的。

介质密度梯度液需预先用梯度混合器制备形成，形成由管口到管底逐步升高的密度梯度，但最大介质密度必须小于样品中粒子的最小密度，如图 5 - 3(a)。

离心前，把样品溶液置于密度梯度介质表面，然后进行离心，并控制离心分离的时间，使得粒子完全沉降之前，在液体梯度中移动而形成若干条界面清楚的不连续区带。由于此法是一种不完全的沉降，沉降受物质本身大小的影响较大，一般是应用在物质大小相异而密度相同的情况。这种方法已用于 RNA-DNA 混合物、核蛋白体亚单位和其他细胞成分的分离。但是大小相同、密度不同的粒子（如线粒体、溶酶体和过氧物酶体）不能用此法分离。

该离心法的离心时间要严格控制，既要有足够的时间使各种粒子在介质梯度中形成区带，又要控制在任一粒子达到沉淀前。如果离心时间不足，样品还没有分离；离心时间过长，所有的样品可全部到达离心管底部。常用的梯度液有 Ficoll、Percoll 及蔗糖。如蔗糖密度梯度离心法常用于纯化 DNA，Ficoll、Percoll 常用于外周血单个核细胞的分离，如图 5 - 3(b)密度梯度区带离心法。

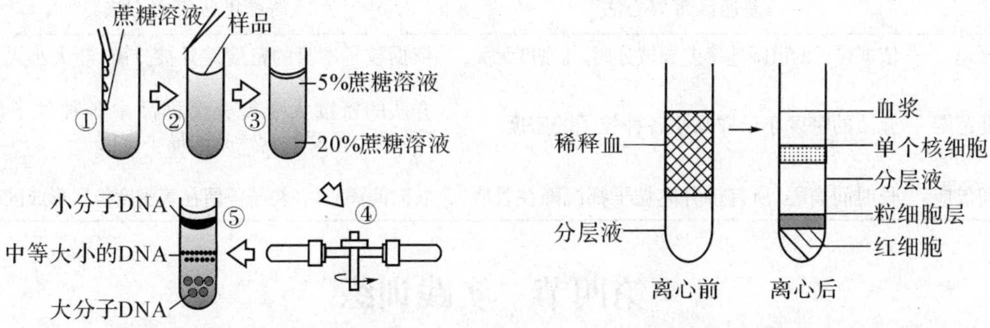

(a) 蔗糖密度梯度离心法分离DNA　　(b) Ficoll密度梯度离心法分离单个核细胞

图 5 - 3　密度梯度区带离心法（摘自密度梯度离心法图册）

（二）等密度区带离心法(lsopycnic banding centrifugation)

等密度区带离心是指当不同颗粒存在浮力密度差时，在离心力作用下，颗粒或向下沉降或向上浮起，一直沿梯度移动到与其密度恰好相等的位置上（即等密度点），形成区带而分离的方法。

在离心前预先配制介质密度梯度，此种密度梯度液包含了被分离样品中所有粒子的密度，密度梯度较陡峭，该梯度的最大密度高于样品混合物的最大密度，梯度的最小密度低于样品混合物的最小密度。待分离的样品铺在梯度液面上或和梯度液先混合，离心开始后，当梯度液由于离心力的作用逐渐形成管底浓而管顶稀的密度梯度，与此同时原来分布均匀的粒子也发生重新分布。当管底介质的密度大于粒子的密度，粒子上浮；在管顶处介质的密度小于粒子的密度，则粒子沉降，最后粒子一直移动到与它们各自的密度恰好相等的位置上形成区带，从而使不同密度的物质得到分离。

该离心法与样品粒子的密度有关，而与粒子的大小和其他参数无关。颗粒的密度是影响最终位置的唯一因素，因此只要转速、温度不变，即使延长离心时间也不能改变这些粒子的成带位置。只要被分离颗粒间的密度差异大于 1% 就可用此法分离。此法一般应用于物质的大小相近，而密度差异较大时的颗粒分离，如图 5－4 所示。

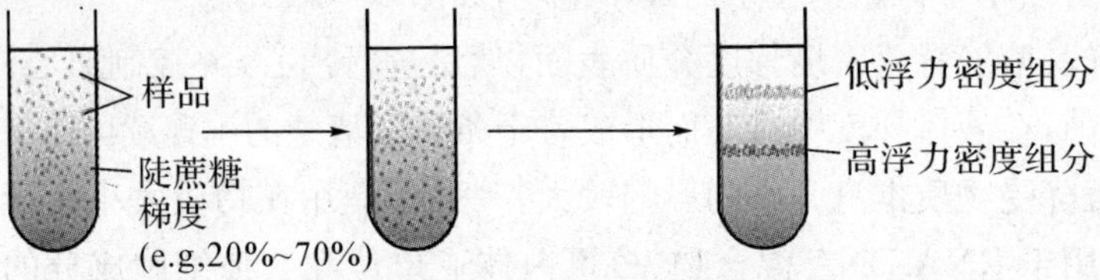

图 5－4　等密度区带离心法（摘自密度梯度离心法图册）

综上所述，差速区带离心法和等密度区带离心法的原理、密度梯度介质和时间效应有很大不同，具体内容见表 5－2。

表 5－2　差速区带离心法和等密度区带离心法的区别

	差速区带离心法	等密度区带离心法
原理	依据粒子的沉降速率差异被分离，与密度无关	依据粒子本身的密度差异被分离，与大小无关
梯度范围	介质的密度小于样品中各种粒子的密度	介质的密度大于待分离样品中各种粒子的密度，最小密度低于样品的最小密度
时间效应	长时间离心，所有待分离粒子都沉降在管底	长时间离心，各粒子停留在等密度位置形成区带

第四节　实践训练

实验 5－1　差速离心法分离纯化蛋白质

【实验目的】

1. 了解离心机的种类及结构，并能熟练操作。

2. 掌握离心机的使用方法及注意事项。

3. 掌握差速离心法分离纯化可溶蛋白质的原理及技术。

【实验原理】

利用样品中各组分沉降系数的差异，通过多次对沉淀和上清液选速离心，达到组分的分离提纯。离心时，通常先选择一个较低的离心速度和时间，把大部分不需要的较大蛋白颗粒沉淀弃去，收集上清液用较高的转速和选择适宜的离心时间，把需要的蛋白粒子沉降下来。接着把沉淀悬浮起来，再一次用较低的速度离心。如此反复低速高速离心，直至达到所需粒子的纯度为止。

【实验设备、材料和试剂】

1. 设备　小型台式离心机，紫外分光光度计，比色皿，烧杯，玻璃棒，量筒，电子天平，移液器，1.5 ml 离心管。

2. 材料和试剂　待测蛋白，蒸馏水。

【实验方法】

1. 在电子天平上精确称取约 1 mg 样品，加入 4 ml 纯水充分混匀后静置。自然沉降待上部分清澈后，吸取上清液体至比色皿测定其吸光度值①。

2. 将上清液转至①号离心管，400 rpm 条件下离心 3 min。吸取上清至比色皿测定其吸光度值②。

3. 将上清液转至②号离心管，10 000 rpm 条件下离心 5 min。吸取上清至比色皿测定其吸光度值③。

4. 将上清液转至③号离心管，12 000 rpm 条件下离心 15 min。吸取上清至比色皿测定其吸光度值④。

【数据记录】

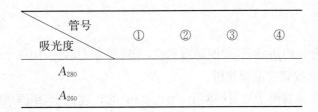

管号 / 吸光度	①	②	③	④
A_{280}				
A_{260}				

【结果分析与讨论】

根据实验结果，选用双波长紫外分光光度法 280 nm 和 260 nm 的吸收差法，由下列公式计算出蛋白质浓度 C_1、C_2、C_3、C_4。

$$蛋白质浓度(\mu g/\mu l)=(1.45\times A_{280})-(0.74\times A_{260})$$

【注意事项】

1. 离心管的选择应该参照离心管的说明和材料，防止不适当的使用导致破裂，不但损失样品还会污染转子和离心机。

2. 溶液密度大于 1.3 不能用 EP(eppendorf)管，易爆易燃不能离心，易产生毒害，易腐蚀性的不能离心。

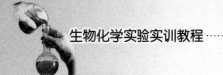

3. 实验时尽量避免人为失误，如溶液混合不均匀，比色皿清洁不净等，以免造成实验误差。

实验 5－2　密度梯度区带离心法分离单个核细胞

【实验目的】

1. 了解密度梯度区带离心法分离单个核细胞的原理。

2. 掌握密度梯度区带离心法分离单个核细胞的方法。

【实验原理】

密度梯度离心法是将离心分离的样品置于一个密度梯度的介质中离心。离心时越远离轴心的介质密度越大，不同的微粒停留于不同密度的介质中。密度梯度离心法具有较好的分辨能力，可以同时分离样品中的多个或全部组分。

用比重与被分离细胞比重相近的细胞分离液，通过密度梯度离心方法，在分离液界面上收集到所需要的小鼠单个核细胞（如鼠的单个核细胞比重 1.088 ）。

【实验设备、材料和试剂】

1. 设备　低速离心机，培养皿，100 目筛网，胶头吸管，镊子，10 ml 离心管，移液器。

2. 材料和试剂　小鼠，肝素用 Hank's 液或生理盐水稀释成 500 U/ml 生理盐水，Hank's 液（无 Ca^{2+}、Mg^{2+}），短中管、毛细滴管、1 ml 和 10 ml 刻度吸管，无菌干燥注射器针头，水平式离心机，碘酒，75%乙醇，无菌棉球，镊子。

聚蔗糖-泛影葡胺液（又称 Ficoll），淋巴细胞分离液，比重 1.088。其中聚蔗糖的商品名 Ficoll，常采用 Ficoll-400，也就是相对分子重量为 400 000，Ficoll 渗透压低，但它的黏度却特别高，为此常与泛影葡胺混合使用以降低黏度。主要用于分离各种细胞包括血细胞、成纤维细胞、肿瘤细胞、鼠肝细胞等。

【实验方法】

1. 将小鼠用颈椎脱臼法处死，解剖暴露胸腔，于腹腔靠上部位，用镊子轻轻夹起腹膜，将腹膜剪开，在腹腔左上部找到并取出脾脏。

2. 将脾脏置于培养皿内 100 目筛网上，加入 8 ml 的生理盐水，用磨棒磨碎脾脏后过滤，即获得脾细胞混合悬液。

3. 取盛有 2 ml 细胞分离液（比重 1.088）的离心管一支，用移液器在其上小心加入细胞混合液 2 ml。

4. 将离心管离心 1 800 r/min，20 ℃ 30 min。

5. 离心后小心取出离心管，仔细观察细胞分层，离心管底层为红色的红细胞，依次向上为细胞分离液和生理盐水，在此之间可见一层淡淡的白色细胞层。

6. 用尖头吸管小心取出中层间的细胞到另一洁净离心管，并加 2 ml 生理盐水洗涤一次，1 500 r/min 离心 5 min 后去上清。

7. 再将细胞均匀悬浮于 0.1 ml 生理盐水中，取出 10 μl 滴于黏附剂处理的载玻片上，自然干燥后，可进行细胞类型鉴定。

【注意事项】

1. 向淋巴细胞分离液管加脾细胞混合悬液时应沿离心管壁缓缓加入，使脾细胞混合悬液与分离液形成明显的界面，小心放取离心管，保持界面完整，避免打乱界面，影响分离效果。

2. 操作全程应尽可能短时间内完成，以免增加死细胞数。

3. 用淋巴细胞分离液分离外周血单个核细胞时，离心机转速的增加和减少要均匀、平稳，使保持清晰的界面。

4. 小鼠、兔等动物淋巴细胞比重与人不同，配制相应密度的 Percoll 或不同比例的聚蔗糖和泛影葡胺。

【思考题】

1. 单个核细胞层主要包括哪些细胞？

2. 离心后，在离心管中会出现几个分层？其中哪个界面中获得较多的淋巴细胞？

知识与能力测试

1. 名词解释：离心分离，相对离心力，沉降系数。
2. 离心分离技术的基本原理。
3. 离心机的种类和离心分离方法。
4. 比较差速离心法和等密度梯度离心法的区别。
5. 为了解液体培养基中的菌体生长状况，每隔一定时间需要取样分析，如何测定菌体的生长质量？
6. 如何利用 Ficoll 密度梯度离心法分离外周血单个核细胞？
7. 如何利用蔗糖密度梯度离心法分离 RNA 的混合物？
8. 根据所学的离心分离技术，设计从细菌中分离得到核糖体的方法？

第六章 电泳技术

电泳(Electrophoresis)是带电粒子在电场中向着与自身所带电荷相反的电极移动的过程。

早在19世纪初期就已发现带电粒子在电场中泳动这一现象,但直到1937年瑞典的Tiselius建立了"自由电泳法",成功地将血清蛋白分成5个主要成分,即清蛋白、α_1、α_2-、β-和γ-球蛋白,才使电泳技术在生化分析中得到应用。特别是近30年的发展,电泳技术从理论到实践都得到了很大的发展和完善,已成为蛋白质、核酸分析中不可缺少的方法。

根据研究对象及目的不同,电泳可分许多种类。其中,按照是否有支持物可分为自由电泳(无支持物)和区带电泳(有支持物)两大类。有支持物的电泳又可以分为纸电泳、薄层电泳、薄膜电泳、凝胶电泳等,无支持物的电泳又可以分为等电点聚焦电泳技术、等速电泳技术和密度梯度电泳等。本章重点介绍凝胶电泳和薄膜电泳。

第一节 概 述

一、电泳的基本原理

电泳是带电粒子在电场中向着与自身所带电荷相反的电极移动的过程。例如蛋白质具有两性电离性质,当蛋白质溶液的pH大于蛋白质的等电点时,该蛋白质带负电荷,在电场中向正极移动,相反则带正电荷,在电场中向负极移动,只有蛋白质溶液的pH在蛋白质的等电点时静电荷为零,在电场中不向任何一极移动。在pH为8.0～8.3时,DNA分子带负电荷,向正极迁移。

二、电泳的类型

电泳技术按是否有支持物可分为自由电泳(无支持物)和区带电泳(有支持物)两大类。用支持物的电泳技术有纸电泳、醋酸纤维素薄膜电泳、薄层电泳、非凝胶性支持物区带电泳、凝胶性支持物区带电泳(淀粉凝胶电泳、琼脂糖凝胶电泳及聚丙烯酰胺凝胶电泳)等。不用支持物的电泳技术有微量电泳、显微电泳、等电点聚焦电泳技术、等速电泳技术、密度梯度电泳等。其中凝胶性支持物区带电泳按凝胶形状可分为水平平板电泳、圆盘柱状电泳及垂直平板电泳。

表 6-1　常用电泳技术的分类

分类依据	名称	应用
分离对象	蛋白质电泳	研究蛋白质的理化性质及免疫学特征
	核酸电泳	分离、鉴定及制备纯化核酸
支持物	琼脂糖凝胶电泳	分离、鉴定核酸及蛋白质
	PAGE 电泳*	分离、鉴定蛋白质及核酸
	醋酸纤维膜电泳	分离、鉴定蛋白质
	自由溶液电泳	分离、鉴定蛋白质及核酸
电泳机理	等电聚焦电泳	分离、鉴定蛋白质,测定蛋白质等电点
	SDS**-PAGE	分离、鉴定蛋白质,测定蛋白质分子量
	双向电泳	分离、鉴定蛋白质及细胞蛋白组成
	脉冲场电泳	分离、鉴定染色体及大病毒 DNA
	免疫电泳	分析、鉴定蛋白质的免疫学性质
其他	转印电泳	蛋白质的免疫学分析及核酸的分子杂交鉴定
	毛细管电泳	分离鉴定蛋白质、多肽、核苷酸、核酸及小分子化合物

* PAGE:聚丙烯酰胺凝胶电泳。** SDS:十二烷基磺酸钠。

三、影响电泳速率的因素

电泳速率是带电粒子在一定电场强度下,单位时间内在介质中的移动距离(cm/t)。由下列多种因素决定。

1. 样品的物理性状　影响电泳速率的首要因素是电泳样品的物理性状,包括电荷量多少、分子大小、颗粒的形状和空间构型。被分离样品的带电荷量多少和电泳速率的关系成正比。带电荷量多,电泳速率快,反之则慢。此外,被分离的物质若带电荷量相同,分子量大的电泳速率慢,分子量小的则电泳速率快,故分子大小与电泳速率成反比。球形的分子要比纤维状分子的电泳快。当 DNA 分子处于不同空间构象时,在电场中电泳速率不仅和分子量有关,还和它本身构象有关。相同分子量的线状、开环、超螺旋 DNA 在琼脂糖凝胶中的电泳速率是不一样的。超螺旋 DNA 移动最快,开环的双链环状 DNA 移动最慢。

2. 电场强度　在低电压时,线状 DNA 片段的电泳速率与所加电压成正比。但是随着电场强度的增加,不同分子大小的 DNA 片段的电泳速率增长幅度不同,片段越大,因场强升高引起的电泳速率升高幅度也越大。因此电压增加,琼脂糖凝胶的有效分离范围将缩小。要使大于 2 kb 的 DNA 片段的分辨率达到最大,所加电压不得超过 5 V/cm。

3. 支持介质　支持介质应该是惰性较大的材料,且不与被分离的样品或缓冲液起化学反应。由于各种介质的精确结构对被分离物的移动速度有很大影响,所以对支持介质的选择应取决于被分离物质的类型。介质对被分离物的影响主要表现为吸附和电渗。

(1) 吸附:支持介质的表面对被分离物质具有吸附作用,使分离物质滞留而降低电泳速度,会出现样品的拖尾。由于支持介质对各种物质吸附力不同，因而降低了分离的分辨率。滤纸的吸附性最大，醋酸纤维薄膜的吸附作用很小。

(2) 电渗：在电场中，液体相对于固相支持介质发生相对位移的现象称为电渗。由于固相支持介质多孔，常吸附溶液中的负离子或正离子，使溶液相对带上正电荷或负电荷，溶液就向负极或正极移动。如支持介质滤纸中含有羟基使表面带负电荷，与其接触的溶液相带正电荷，在电场中，溶液就向负极移动，并随带正电荷的分离物质移向负极，使分离物质的泳动速度比其固有的电泳速度快。若分离物质的移动方向与电渗现象的水溶液移动方向相反，则分离物质的泳动速度减慢。如血清蛋白低压电泳，在巴比妥盐缓液 pH＝8.6、离子强度＝0.06 的条件下进行，蛋白质的移动方向与电渗现象的水溶液移动方向相反，使电泳速度减慢。琼脂中含有琼脂果胶，含有较多的硫酸根，带较多负电荷，电渗现象明显，使许多球蛋白移向负极。如经常遇到的 γ-球蛋白由原点移向负极，这就是电渗作用所引起的倒移现象。目前所用的琼脂糖凝胶电泳，琼脂糖中除去了琼脂果胶，电渗大为减弱。

4. 离子强度和 pH　电泳缓冲液的组成及其离子强度影响 DNA 的电泳速率。如没有离子存在时(如误用蒸馏水配制凝胶)，电导率最小，DNA 几乎不移动；在高离子强度的缓冲液时(如误加 10 * 电泳缓冲液)，溶液导电性很高并明显产热，严重时会引起凝胶融化或 DNA 变性。

电泳缓冲液的 pH 影响 DNA 迁移率，溶液的 pH 远离样品等电点时，样品电荷量越多，泳动越快，核酸电泳液常用偏碱性或中性条件，使核酸带负电荷，向正极泳动。

5. 嵌入染料的存在　DNA 在进行电泳时，荧光染料 EB 和 Goldview 可插入到碱基中，从而增加线状和开环 DNA 的长度，使其刚性更强，并会使线状 DNA 的迁移率下降 15%，另外温度和碱基堆积也会影响 DNA 的迁移率。

第二节　聚丙烯酰胺凝胶电泳

一、聚丙烯酰胺凝胶电泳

聚丙烯酰胺凝胶是由单体丙烯酰胺(acrylamide，简称 Acr)和交联剂 N，N-甲叉双丙烯酰胺(N，N-methylene-bisacylamide，简称 Bis)在加速剂 N，N，N′，N′-四甲基乙二胺(N，N，N′，N′-tetramethyl ethylenedia mine，简称 TEMED)和引发剂过硫酸铵(ammonium persulfate $(NH_4)_2S_2O_8$，简称 AP)的作用下聚合交联成三维网状结构的凝胶，以此凝胶为支持物的电泳称为聚丙烯酰胺凝胶电泳(polyacrylamide gel electrophoresis，简称 PAGE)。PAGE 应用范围广，可用于蛋白质、酶、核酸等的分离、定性、定量及少量的制备，测定相对分子质量、等电点等。

聚丙烯酰胺凝胶有以下优点：

(1) 可用于分离不同分子量的生物大分子。

(2) 化学惰性好，电泳时不会产生“电渗”。聚丙烯酰胺凝胶有网格，带有酰胺侧链的碳-碳聚合物，没有或很少带有离子的侧基，因而电渗作用比较小，不易与样品发生作用。

(3) 机械强度好，有弹性，便于操作和保存。由于聚丙烯酰胺凝胶是一种人工合成的物质，在聚合前可调节单体的浓度比，形成不同程度交联结构，其网格可在一个较广的范围内变化。可以根据要分离物质分子的大小，选择合适的凝胶成分，使之既有适宜的网格孔径，又有比较好的机械性质。一般来说，含丙烯酰胺7%～7.5%的凝胶，机械性能适用于分离相对分子质量范围为1万～100万道尔顿的蛋白质，1万以下的蛋白质则采用含丙烯酰胺15%～30%的凝胶，而相对分子质量特别大的可采用含丙烯酰胺4%的凝胶，大孔胶易碎，因此当丙烯酰胺的浓度增加时可以减少双丙烯酰胺，以改进凝胶的机械性能。

(4) 在一定浓度范围内，聚丙烯酰胺对热稳定。凝胶无色透明，易观察，可用凝胶成像仪直接观察，或便于照相或复印。

(5) 分离效果好。聚丙烯酰胺凝胶也用于分离DNA，最适合分离小片段DNA(5～500 bp)。它的分辨率非常强，长度上相差1 bp或质量上相差0.1%的DNA都可以彼此分离。

在聚丙烯酰胺凝胶形成的反应过程中，需要催化剂参加，催化剂包括引发剂和加速剂两部分。引发剂在凝胶形成中提供始自由基，通过自由基的传递，使丙烯酰胺成为自由基，发动聚合反应，加速剂则可加快引发剂放自由基的速度。常用的引发剂是过硫酸铵 (ammonium persulfate $(NH_4)_2S_2O_8$，简称AP)，加速剂是N,N,N′,N′-四甲基乙二胺(N,N,N′,N′-tetramethyl ethylenedia mine，简称TEMED)。用过硫酸铵引发的反应称化学聚合反应。聚丙烯酰胺聚合反应可受下列因素影响：①大气中氧能淬灭自由基，使聚合反应终止，所以在聚合过程中要使反应液与空气隔绝。②某些材料如有机玻璃能抑制聚合反应。③温度高聚合快，温度低聚合慢。在制备凝胶时必须加以注意。

凝胶的筛孔、机械强度及透明度等在很大程度上由凝胶的浓度和交联度决定。低浓度的凝胶具有较大的筛孔，高浓度凝胶具有较小的筛孔。凝胶浓度过高时，凝胶硬而脆，容易破碎；凝胶浓度太低时，凝胶稀软，不易操作。交联度过高，凝胶不透明，并缺乏弹性；交联度过低，凝胶呈糊状。聚丙烯酰胺凝胶具有较高的黏度，并形成三维空间网状结构，大小和形状不同的蛋白质通过一定孔径分离胶时，受阻滞的程度不同而表现出不同的迁移率，这就是分子筛效应。

经过不断的实践，得到了如表6-2所示的经验值，在一般情况下，大多数生物体内的蛋白质采用7.5%浓度的凝胶，所得电泳结果往往是满意的，因此称此浓度组成的凝胶为“标准凝胶”。对那些用于重要研究的凝胶，最好是通过采用10%的一系列凝胶梯度进行预先试验，以选出最适凝胶浓度。

表6-2　凝胶浓度与被分离物相对分子量的关系

聚丙烯酰胺凝胶浓度(%)	可分辨的蛋白质相对分子质量范围(KD)
20～30	＜10
15～20	10～40
10～15	40～100
5～10	100～500
2～5	＞500

聚丙烯酰胺凝胶电泳可分为连续的和不连续的两类，前者指整个电泳体系中所用缓冲液、pH 和凝胶网孔都是相同的，后者是指电泳体系中采用了两种或两种以上的缓冲液、pH 和孔径，不连续电泳能使稀的样品在电泳过程中浓缩成层，从而提高了分辨能力。实践中，我们常使用不连续凝胶电泳，不连续凝胶电泳具有四个“不连续性”：缓冲体系离子成分不连续性，pH 的不连续性，电位梯度的不连续性和凝胶孔径的不连续性，从而提高了浓度很低的样品的“浓缩”效果，同时表现出电荷效应和分子筛效应，从而促进样品“分离”。

二、SDS-聚丙烯酰胺凝胶电泳

SDS 为十二烷基硫酸钠，是阴离子去污剂，与蛋白质结合成 SDS-复合物。由于十二烷基硫酸根带负电，使各种蛋白质-SDS 复合物都带上相同密度的负电荷，它的量大大超过了蛋白质分子的电荷量，因而掩盖了不同种蛋白质间原有的电荷差别。这样的蛋白质-SDS 复合物，在凝胶中的迁移率，不再受蛋白质原来的电荷和形状的影响，而只取决于其分子量的大小，因而 SDS-PAGE 电泳可以用于测定蛋白质的分子量。由于蛋白质-SDS 复合物在单位长度上带有相等的电荷，所以它们以相等的迁移速度从浓缩胶进入分离胶(图 6－1)，进入分离胶后，由于聚丙烯酰胺的分子筛作用，小分子的蛋白质可以容易地通过凝胶孔径，阻力小，迁移速度快；大分子蛋白质则受到较大的阻力而被滞后，这样蛋白质在电泳过程中就会根据其各自分子量的大小而被分离。

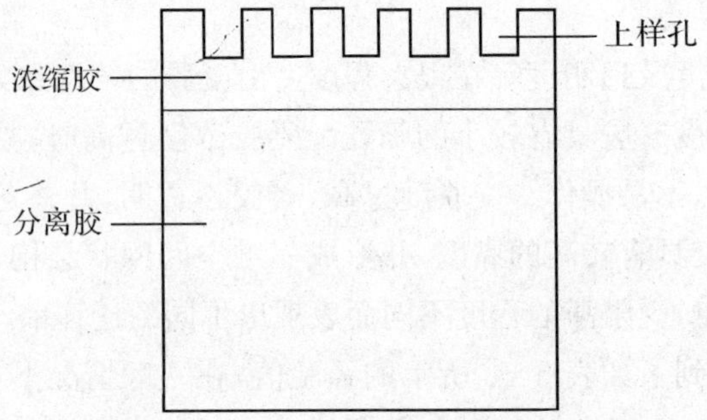

图 6－1　SDS-PAGE 凝胶分层示意图

SDS-PAGE 电泳用于测定蛋白质的分子量时，蛋白质样品中加 SDS 煮沸后，蛋白质发生变性，为保护和还原二硫键，尚需加还原剂 2-巯基乙醇(2-ME)或二硫苏糖醇(DTT)。蛋白质变性使亚基聚合形式存在的蛋白质解聚成单个亚基。因此，对于一个纯化蛋白质，可经 SDS-PAGE 确定其亚基种类、数目及大小。所以 SDS-PAGE 电泳测定蛋白质分子量，更确切地说是测定蛋白质分子各亚基的分子量大小。

根据经验得知，当蛋白质分子量在 17 KD 到 165 KD 之间时，蛋白质-SDS 的电泳迁移率和蛋白质分子量的对数呈线性关系：$\lg MW=\lg K-bMr$，其中，MW 为蛋白质的分子量，K 为常数，Mr 为相对迁移率，b 为斜率。若将已知分子量的标准蛋白质的迁移率对其分子量的对数作图，可获得一条标准曲线。只要测得未知分子量的蛋白质在相同条件下的电泳迁移率，就能根据标准曲线求得其分子量大小，如图 6－2 所示。

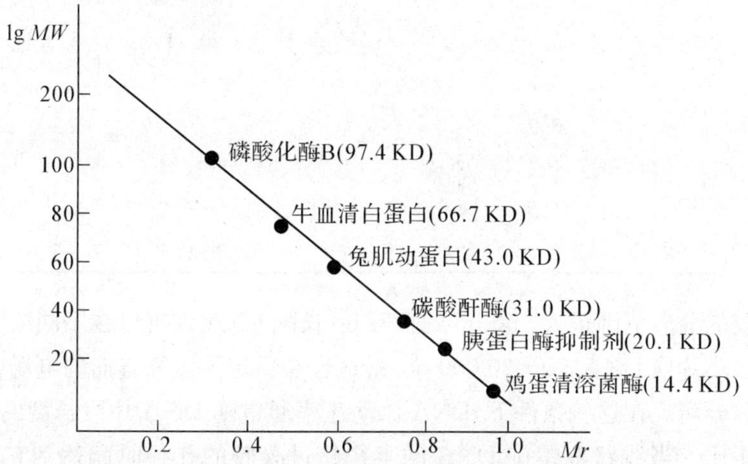

图 6－2　相对迁移率与分子量对数关系图

SDS-PAGE 电泳还经常应用于蛋白质提纯过程中纯度的检测，纯化的蛋白质在 SDS-PAGE 电泳结果通常应只有一条带，但如果蛋白质是由不同的亚基组成，它的电泳结果可能会形成分别对应于各个亚基的几条带。SDS-PAGE 电泳具有较高的灵敏度，一般只需要不到微克量级的蛋白质，就可以形成清晰的条带。

聚丙烯酰胺凝胶也用于分离 DNA，最适合分离小片段 DNA（5～500 bp）。它的分辨率非常强，长度上相差 1 bp 或质量上相差 0.1％的 DNA 都可以彼此分离。但是与琼脂糖凝胶相比在制备和操作上还是更繁琐些，且聚丙烯酰胺凝胶电泳是在恒定电场中垂直方位上进行的。

第三节　琼脂糖凝胶电泳

琼脂糖凝胶电泳是分离鉴定和纯化 DNA 片段的标准方法，具有简便、快速的优点。当用低浓度的荧光嵌入染料 Goldview 核酸染色剂染色，在紫外灯下至少可以检测出 1～10 ng 的 DNA 条带，从而可以确定 DNA 片段在凝胶中的位置。需要的话，还可以从凝胶中回收特定的 DNA 片段，用于以后的克隆操作。

琼脂糖是一种从植物提取的天然聚合长链分子，沸水中溶解，45 ℃开始形成多孔刚性滤孔，凝胶孔径的大小决定于琼脂糖的浓度。一定大小的 DNA 片段在不同浓度的琼脂糖凝胶中，电泳迁移率不相同，因而要有效分离大小不同的 DNA 片段，主要是选用适当的琼脂糖凝胶浓度，见表 6－3。

表 6-3　可分辨的 DNA 大小范围与琼脂糖凝胶浓度的关系

琼脂糖凝胶浓度(%)	可分辨的线性 DNA 大小范围(kb)
0.3	60～5
0.6	20～1
0.7	10～0.8
0.9	7～0.5
1.2	6～0.4
1.5	4～0.2
2.0	3～0.1

琼脂糖凝胶的分离范围很大。50 bp 到百万 bp 长的 DNA 都可以在不同浓度和构型的琼脂糖凝胶中分离。小片段 DNA(50～20 000 bp)最适合在恒定强度和方向的电场中水平方位的琼脂糖凝胶内电泳分离。在这些条件下，DNA 泳动速率通常随 DNA 片段长度的增加而减少，但与电场强度成正比。当线状双螺旋 DNA 的半径超过凝胶的孔径时就达到它分辨率的极限。此时，DNA 不再被凝胶按其大小筛分，而必须以一端在前的方式在介质中迁移，就像通过曲折而空间又有限的管子。这种迁移模式称作"蠕行"。

第四节　薄膜电泳

以醋酸纤维素薄膜为支持物的一种区带电泳称为薄膜电泳。这种薄膜具有均一的泡沫状结构，厚度为 120 μm，渗透性强，对样品无吸附作用，用它作支持物进行电泳，电泳效果比纸电泳好，具有样品用量少，分离速度快，电泳图谱更为清晰，灵敏度也较高(5 μg/ml 以上)等优点，但分辨率比凝胶电泳低。目前已广泛应用于血清蛋白、血红蛋白、脂蛋白、同工酶的分离和测定等方面。

薄膜电泳的基本操作一般包括薄膜的处理与固定、点样、电泳和显色四个步骤。首先将醋酸纤维薄膜切成适当的尺寸，用镊子夹住慢慢放进电泳缓冲液中，充分浸泡 30 min 左右，直到薄膜条上无白点为止，取出用滤纸吸去多余的缓冲液。将处理好的薄膜两端置于电泳槽的支架上，薄膜必需拉直固定。薄膜两端直接伸进缓冲液中，或者借助于滤纸桥与缓冲液相连，如图 6-3 所示。然后，用毛细管或微量注射器将样品点在薄膜中央。点样后，电泳槽加盖密封，主要正负极方向不要搞错，并静置平衡 10 min。平衡 10 min 后，通电电泳，电场强度为 10～25 V/cm，时间0.5～2 h。最后，在电泳结束后，取出薄膜条在染色液(氨基黑 10B)中染色 5～10 min，再用漂洗液(含 10%乙酸的甲醇溶液)洗几次，直至条带清晰为止。若要保存图谱，可在薄膜完全干后置于透明液(含 15%乙酸的乙醇溶液)中浸泡 5 min，取出贴于洁净的玻璃板上。

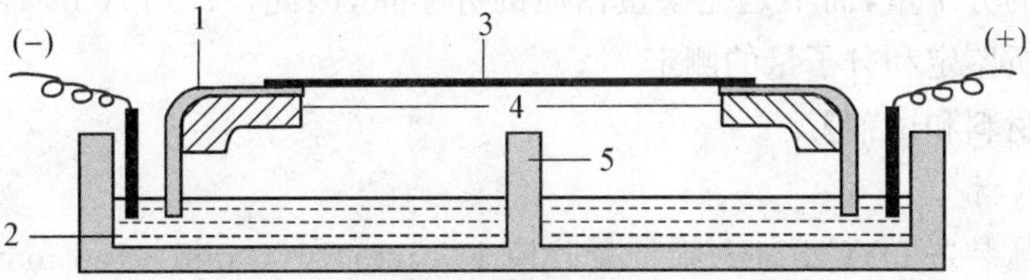

图 6-3　醋酸纤维素薄膜电泳装置示意图

1. 滤纸桥；2. 电泳槽；3. 醋酸纤维素薄膜；4. 电泳槽支架；5. 电极室中央隔板

第五节　实践训练

实验 6-1　SDS-聚丙烯酰胺凝胶电泳（SDS-PAGE）测定蛋白质分子量

【实训目的】

1. 理解 SDS-PAGE 垂直板电泳法测定蛋白质分子量的基本原理。

2. 学习并掌握 SDS-PAGE 法测定蛋白质分子量的技术。

【实训原理】

聚丙烯酰胺凝胶是由单体丙烯酰胺(acrylamide，简称 Acr)和交联剂 N,N-甲叉双丙烯酰胺(N,N-methylene-bisacylamide，简称 Bis)在加速剂 N,N,N′,N′-四甲基乙二胺(N,N,N′,N′-tetramethyl ethylenediamine，简称 TEMED)和催化剂过硫酸铵(ammonium persulfate $(NH_4)_2S_2O_8$，简称 AP)的作用下聚合交联成三维网状结构的凝胶，以此凝胶为支持物的电泳称为聚丙烯酰胺凝胶电泳(polyacrylamide gel electrophoresis，简称 PAGE)。

聚丙烯酰胺凝胶由于富含酰胺基，故它是稳定的亲水凝胶。结构中不带电荷，因而在电场中电泳电渗现象极为微小。网状结构能限制蛋白质大分子的扩散运动，具有良好的抗对流作用。在合适浓度范围内还具有较好的透明度，一定的机械强度，以及化学上惰性、吸附作用很小等许多优点。

十二烷基磺酸钠(简称 SDS)是阴离子去垢剂，可与蛋白质的疏水部分相结合，破坏其折叠结构，并使其广泛存在于一个广泛均一的溶液中。SDS-蛋白质复合物在凝胶电泳中的迁移率不受蛋白质原有电荷和形状的影响，而只与蛋白质分子量有关。这种电泳方法称为 SDS-聚丙烯酰胺凝胶电泳(SDS-PAGE)。因此通过已知分子量的蛋白与未知蛋白的比较，就可以得出未知蛋白的分子量

SDS-PAGE 作为一种测定蛋白质分子量的方法，尽管对于大部分蛋白质来说，在比较广泛的分子量范围内，蛋白质的迁移率与其分子量的对数确实存在着线性关系，但是有许多蛋白质是由亚基或两条以上肽链组成的(如血红蛋白、胰凝乳蛋白酶等)，它们在变性剂和强还原剂的作用下，解离成亚基或单条肽链。因此，对于这一类的蛋白质，SDS-PAGE 测定的只是它们的

亚基或单条肽链的分子量，而不是完整蛋白质的分子量，因此，SDS-PAGE 特别适用于寡聚蛋白及其亚基的分析鉴定和分子量的测定。

【实训设备、材料和试剂】

（一）设备、器材

双垂直板电泳装置 DYCZ-24E（附带凝胶模 135 mm×100 mm×1.5 mm），直流稳压电源（电压300～600 V，电流 50～100 mA），脱色摇床，凝胶成像系统，微量移液器（1 000 μl，100 μl，2～20 μl）；其他：滤纸一盒，大培养皿（φ120～160 mm），烧杯（50 ml），大烧杯（盛放废液），洗瓶（分别盛重蒸水、蒸馏水），塑料铲胶铲，移液管架。

（二）材料

1. SDS-PAGE 低分子量标准蛋白（Marker）　14～97.4 KD。

2. 待测样品蛋白　0.5 mg/ml 牛血清蛋白（BSA）。

（三）试剂

1. 40% SDS-丙烯酰胺（Acr）。

2. 10%SDS（十二烷基磺酸钠）　称取 SDS 10 g，加蒸馏水 100 ml 使其溶解。

3. 分离胶缓冲液　1.5 mol/L，pH 8.8 Tris-HCl 缓冲液

称取 Tris18.2 g，加入 50 ml 水，用 1 mol/L 盐酸调 pH 8.8，最后用蒸馏水定容至 100 ml，4 ℃贮存。

4. 浓缩胶缓冲液　0.5 mol/L，pH 6.8 Tris-HCl 缓冲液。

称取 Tris 6.0 g，加入 50 ml 水，用 1 mol/L 盐酸调 pH 6.8，最后用蒸馏水定容至 100 ml，4 ℃贮存。

5. 10%过硫酸铵（AP）　称取 AP 5 g，加蒸馏水 50 ml 使其溶解。临用时现配，4 ℃保存一周。

6. TEMED（四甲基乙二胺）　购买成品。用于加快凝胶的作用，灌胶前快速加入。

7. 蛋白样品溶解液（载样缓冲液）　用来溶解待测蛋白质样品。配制方法见表 6-4，也可以购买成品。

表 6-4　连续体系样品溶解液

试剂种类 / 体积或重量	SDS(mg)	甘油(ml)	溴酚蓝(mg)	0.5 mol/L pH 6.8Tris-HCl(ml)	加重蒸水至总体积(ml)
	100	0.5	5	0.25	10

注：购买的蛋白样品溶解液常为储存液，如 5×上样缓冲液，使用时要稀释。稀释方法：取蛋白样品 4 μl 溶于 5×上样缓冲液 16 μl。

8. 电泳缓冲液（内含 0.1%SDS，0.05 mol/LTris～0.384 mol/L 甘氨酸缓冲液 pH8.3）称 Tris 3.0 g，甘氨酸 18.8 g，加入 SDS 1 g，加蒸馏水使其溶解后定容至 1 000 ml。

9. 固定液　取 50%甲醇 454 ml，冰乙酸 46 ml 混匀。

10. 染色液　称取考马斯亮蓝 R250 0.125 g，加上述固定液 250 ml，过滤后备用。

11. 脱色液 冰乙酸 75 ml,甲醇 50 ml,加蒸馏水定容至 1 000 ml。

【实训操作】

(一) 凝胶制备

1. 安装夹心式垂直板电泳槽 把两块洗净的玻璃板在灌胶支架上固定好。固定玻璃板时,两边用力一定要均匀,防止夹坏玻璃板。垂直板电泳槽安装好后,一定要用蒸馏水检测是否漏液。

2. 配胶和灌胶

(1) 根据凝胶板的规格,按表 6-5 或表 6-6 比例首先配好 10%的分离胶。用 1 ml 移液器快速加入,高度大约 5 cm,之后加少许异丙醇或水封胶,静置 40 min。观察胶和异丙醇或水之间的界面,判断胶是否凝固。要在确认分离胶彻底凝固后才开始配制浓缩胶。

表 6-5 凝胶配制方法(1 mm 凝胶板)

	分离胶(10%. 5 ml)	浓缩胶(5%. 2 ml)
H_2O	2.35	1.45
40%Acr	1.28	0.25
分离胶缓冲液(pH8.8)	1.35	0.27
10%Ap	0.05	0.02
TEMED	0.002	0.002

备注:TEMED 灌胶前快速加入。

表 6-6 凝胶配制方法(1.5 mm 凝胶板)

	分离胶(10%. 10 ml)	浓缩胶(5%. 4 ml)
H_2O	4.7	2.9
40%Acr	2.55	0.5
浓缩胶缓冲液(pH6.8)	2.7	0.54
10%Ap	0.1	0.04
TEMED	0.004	0.004

备注:TEMED 灌胶前快速加入。

注意:凝胶配制过程要迅速,催化剂 TEMED 要在注胶前快速加入,否则凝结无法注胶。注胶过程最好一次性完成,避免产生气泡。

(2) 分离胶凝固好后,倒掉覆盖在分离胶表面的异丙醇或水,倒置并用滤纸把剩余的水分吸干。按比例配好 5%浓缩胶,连续平稳加入浓缩胶至离边缘 5 mm 处,迅速插入样梳,静置 40 min。样梳需一次平稳插入,梳口处不得有气泡,梳底需水平。

(二) 样品预处理

取一定量的蛋白样品溶于蛋白质上样缓冲液,混匀,并在沸水中煮沸 3~5 min。如:5×上样缓冲液,其稀释方法:取蛋白样品 6 μl 溶于 5×上样缓冲液 24 μl,得到 30 μl 样品处理液。

(三) 上样

1. 将凝胶电泳板放入电泳槽,用夹子夹紧,然后在上、下电泳槽中分别加入电泳缓冲液,并使上槽缓冲液浸没胶面。

2. 小心拔出样梳后，每孔分别用微量加样器加 10 μl 制备好的样品和 7.5 μl Marker，并做好标记。

（四）电泳

上槽接负极（黑色），下槽接正极（红色），打开电源，将电流调至 30 mA/浓缩胶，开始电泳，当指示染料进入分离胶后，将电流调至 40 mA，待染料前沿迁移至距硅胶框底边 1～1.5 cm 处，停止电泳，断开电源。电泳时间约 1.0 h。

（五）凝胶板剥离

电泳结束后，取下凝胶模，用塑料铲撬开短玻璃板，在凝胶板切下一角作为前沿标记。小心地剥离凝胶，将凝胶移至大培养皿中。

（六）染色与脱色

将凝胶浸入考马斯亮蓝染色液中，室温染色 40 min 左右或微波炉稍微加热 30 秒后染色 15 min 左右，用蒸馏水漂洗数次，加入脱色液，置于 60 rpm 脱色摇床上，每 30 min 更换一次脱色液至完全脱净，直到蛋白质区带清晰。

（七）凝胶拍照

可以将凝胶成像系统拍照或用扫描仪进行扫描，作为永久记录。

【实训结果】

脱色后的聚丙烯酰胺凝胶上应有清晰可见的条带。与标准蛋白对比可查到待测样品电泳条带的位置（即分子量大小）。

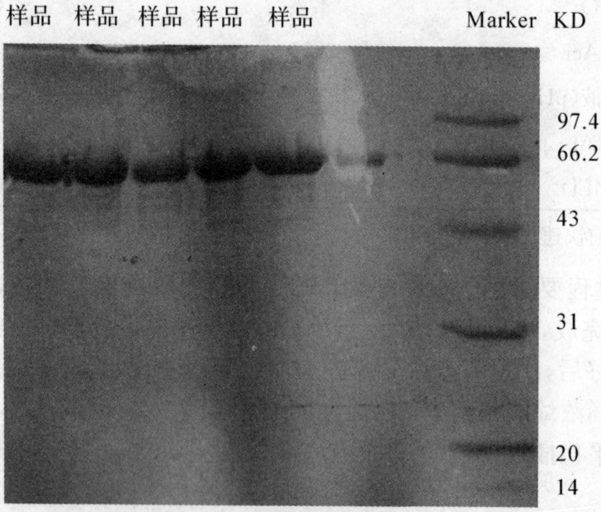

图 6-4 SDS-PAGE 电泳结果

【注意事项】

1. 丙烯酰胺（Acr）有强的神经毒性，并有累积效应，在操作中要特别小心，需要戴手套。

2. 条带应为直线型，不应为“微笑”或“皱眉”条带。

3. 不同分子量大小的蛋白质，需要不同浓度的凝胶。

实验 6-2　琼脂糖电泳法分离血清脂蛋白

【实训目的】

1. 熟悉琼脂糖电泳法分离血清脂蛋白的基本原理。

2. 了解琼脂糖电泳法分离血清脂蛋白的基本方法。

【实训原理】

以琼脂糖凝胶为支持介质，先用脂类染料将血清进行预染，使血清脂蛋白着色，然后电泳。切下各脂蛋白区带，加热溶解，冷却后比色。计算出 α、β-和前 β-脂蛋白的相对百分比。

【实训设备、材料和试剂】

(一) 设备、仪器

微量加样器，试管，烧杯，容量瓶，电子分析天平，恒温水浴箱，电泳仪，水平电泳槽，小型台式离心机。

(二) 材料

血清。

(三) 试剂

1. 电极缓冲液　巴比妥 HCl 缓冲液（pH8.6，离子强度 0.075 mol/L）：称取巴比妥钠 15.5 g，巴比妥 2.7 g，乙二胺四乙酸二钠（EDTA）0.29 g，加蒸馏水至 1 000 ml，此为电极缓冲液。

2. 0.5%琼脂糖凝胶　取琼脂糖 0.5 g，溶于电极缓冲液 100 ml，置沸水煮溶或置于微波炉中热溶解。

3. 固定液　冰乙酸 5 ml 与 75%乙醇 95 ml 混合。

4. 染色液（0.5%氨基黑 10B）　称取 0.5 g 氨基黑 10B，加蒸馏水 40 ml，甲醇（AR）50 ml，冰乙酸（AR）10 ml，混匀溶解后置具塞试剂瓶内贮存。

【实训操作】

1. 预染血清　吸血清 0.18 ml 于一小试管中，再加 0.5%氨基黑 0.02 ml。混匀后置于 37 ℃水浴预染 20 min，2 000 r/min 离心 5 min，以除去多余的染料。

2. 琼脂糖凝胶板制备　将 0.5%琼脂糖凝胶加热完全溶解后冷却至 60 ℃，倒入凝胶托板上，不要有气泡，插好样品梳，待凝固后放于冰箱冷冻 30 min。取出，小心取出样品梳，然后放入样品槽内。

3. 加样　用微量加样器吸取 10 μl 预染血清小心加入样品槽内（间隔加样），然后待样品扩散进入凝胶 15 min 后将电泳槽的两槽倒入电泳缓冲液至凝胶齐平。

4. 电泳　将电泳槽与电泳仪连接好，打开电源，电压先调至 100 V。开始约 10 min，电压调至 60 V，待预染血清电泳至最高或 40 min，切断电源。

【实训结果分析】

小心取下凝胶托板，将凝胶慢慢滑入培养皿中，加入配制的固定液，观察现象，按照实样绘出脂蛋白电泳图谱。

【注意事项】

1. 为了获得脂蛋白电泳的准确性和重复性，必须控制电场中影响分子迁移率的几个主要因素，即：①分子所带的净电荷，pH 必须精确，可重复地加以控制；②控制离子强度和黏滞性，配制适当的电泳缓冲介质。

2. 血清样品和染液的比例以 9∶1 为好，染液过多不仅会稀释标本，而且染液中的乙醇会引起蛋白质变性，影响分离效果。

3. 琼脂糖凝胶的浓度为 0.5%为宜，如果大于 1%，β-脂蛋白和前 β-脂蛋白不易分开；浓度过低，则凝胶的机械强度太低，不易操作。

4. 琼脂糖凝胶载体比醋酸纤维素膜的电阻大，易产生热效应，使凝胶干枯，蛋白质变性，影响电泳结果。故最好采取降温措施。

实验 6－3　醋酸纤维素薄膜电泳分离血清蛋白

【实训目的】

1. 学习蛋白质电泳的一般原理及方法。

2. 掌握用醋酸纤维素薄膜电泳分离蛋白质的操作技术。

【实训原理】

带电颗粒在电场的作用下，向着与其电性相反的电极移动，这种现象称为电泳。带电颗粒之所以能在电场中向一定的方向移动，并具有一定的迁移速度，是取决于带电颗粒本身性质的影响，以及电场强度、溶液的 pH、离子强度及电渗等因素的影响。蛋白质具有两性性质，在溶液中可解离的基团除肽链末端的 α-氨基和 α-羧基外，还有很多侧链基团在一定的 pH 条件下能解离而使蛋白质带电。当溶液的 pH>pI(等电点)时，蛋白质带负电荷，在电场中向正极移动，而 pH<pI 时，则带正电荷，电泳时向负极移动。由于蛋白质分子在溶液中解离成带电的颗粒，所以在电场中除等电点外均能定向泳动，其电泳的方向和速度主要决定于所带电荷的性质，以及所带电荷数量、颗粒大小和形状。不同的带电颗粒在同一电场中泳动速度不同，常用迁移率来表示。迁移率的定义是指带电颗粒在单位电场强度下的泳动速度。其计算公式如下：

$$m=\frac{v}{E}=\frac{\frac{d}{t}}{\frac{V}{l}}=\frac{dl}{Vt}$$

式中：m 为迁移率($cm^2/V\cdot s$)；v 为颗粒的泳动速度(cm/s)；E 为电场强度(V/cm)；d 为颗粒泳动的距离(cm)；l 为支持物的有效长度(cm)；V 为实际电压(V)；t 为电泳时间(s)。

各种蛋白质的等电点、分子量及颗粒大小各不相同，在某一指定的 pH 溶液中，各种蛋白质所带的电荷不同，因而在电场中迁移的方向和速度不同。根据这个原理，就可以从蛋白质混合物中将各种蛋白质分离出来。因此，电泳技术在生物化学与分子生物学研究中被广泛用于生物大分子或小分子（如蛋白质、核酸、氨基酸等）的分离纯化与分析鉴定等。同时此项技术也普遍用于临床诊断和工农业生产实践中，并已发展成为这些部门的重要分析分离手段。

本实验以醋酸纤维素薄膜为电泳支持物，分离各种血清蛋白。血清中含有清蛋白、α-球蛋白、β-球蛋白、γ-球蛋白和各种脂蛋白等。各种蛋白质由于氨基酸组分、立体构象、分子量、等电点及形状不同（如表 6－7），在电场中迁移速度不同。分子量小、等电点低、在相同碱性 pH 缓冲体系中、带负电荷多的蛋白质颗粒在电场中迁移速度快。例如，正常人血清在 pH8.6 的缓冲体系中电泳 1 小时左右，染色后可显示 5 条区带。清蛋白泳动最快，其余依次为 α_1，α_2，β-及 γ-球蛋白（图 6－5）。这些区带经洗脱后可用分光光度法定量，也可直接进行光吸收扫描自动绘出区带吸收峰及相对百分比。临床医学常利用它们间相对百分比的改变或异常区带的出现作为临床鉴别诊断的依据。

表 6－7　人血清中 5 种蛋白质的等电点及分子量

蛋白质名称	等电点（pI）	分子量
清蛋白	4.88	69 000
α-球蛋白	5.06	α_1-200 000 α_2-300 000
β-球蛋白	5.12	90 000～150 000
γ-球蛋白	6.85～7.50	156 000～300 000

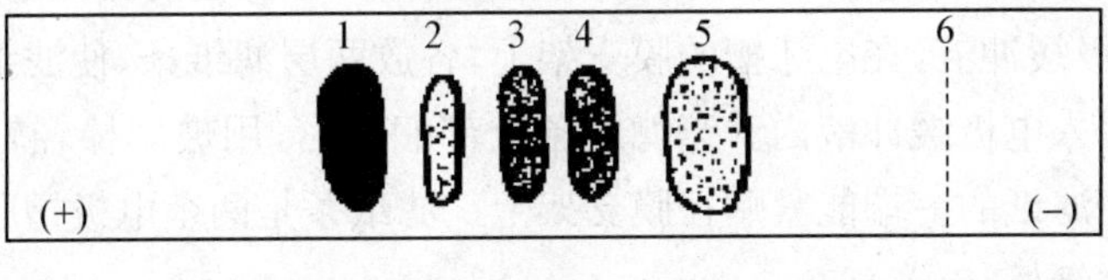

图 6－5　正常人血清醋酸纤维素薄膜电泳示意图

1 为清蛋白（或称为白蛋白），2、3、4、5 分别为 α_1-、α_2-、β-及 γ-球蛋白，6 为点样原点

【实训设备、材料和试剂】

（一）设备、仪器

醋酸纤维素薄膜（2 cm×8 cm），培养皿（直径 9～10 cm），解剖镊子，点样器，直尺和铅笔，电泳槽及电泳仪，玻璃板（12 cm×12 cm），试管及试管架，吸量管（2 ml，5 ml），吹风机，普通滤纸。

（二）材料

未溶血的人或动物血清。

（三）试剂

1. 巴比妥-巴比妥钠缓冲液（pH8.6，0.07 mol/L，离子强度 0.06）　称取 1.66 g 巴比妥

(AR)和12.76 g巴比妥钠(AR)，置于三角烧瓶中，加蒸馏水约600 ml，稍加热溶解，冷却后用蒸馏水定容至1 000 ml。置4 ℃保存，备用。

2. 染色液(0.5%氨基黑10B)　称取0.5 g氨基黑10B，加蒸馏水40 ml，甲醇(AR)50 ml，冰乙酸(AR)10 ml，混匀溶解后置具塞试剂瓶内贮存。

3. 漂洗液　取95%乙醇(AR)45 ml，冰乙酸(AR)5 ml和蒸馏水50 ml，混匀置具塞试剂瓶内贮存。

4. 透明液　临用前制备。

甲液：取冰乙酸(AR)15 ml，无水乙醇(AR)85 ml，混匀置试剂瓶内，塞紧瓶塞，备用。

乙液：取冰乙酸(AR)25 ml，无水乙醇(AR)75 ml，混匀置试剂瓶内，塞紧瓶塞，备用。

5. 保存液　液状石蜡。

6. 定量洗脱液(0.4 mol/L NaOH溶液)　称取16 g氢氧化钠(AR)用少量蒸馏水溶解后定容至1 000 ml。

【实训操作】

(一) 薄膜与仪器的准备

1. 醋酸纤维素薄膜的润湿与选择　用镊子取一片薄膜，小心地平放在盛有缓冲液的平皿中。若漂浮于液面的薄膜在15～30 s内迅速润湿，整条薄膜色泽深浅一致，则此膜均匀，可用于电泳；若薄膜润湿缓慢，色泽深浅不一或有条纹及斑点等，则表示薄膜不均匀，应弃去，以免影响电泳结果。将选好的薄膜用镊子轻压，使其完全浸泡于缓冲液中约30 min后，方可用于电泳。

2. 电泳槽的准备　根据电泳槽膜支架的宽度，裁剪尺寸合适的滤纸条。在两个电极槽中，各倒入等体积的电极缓冲液，在电泳槽的膜支架上，各放两层滤纸条，使滤纸一端的长边与支架前沿对齐，另一端侵入电极缓冲液内。当滤纸条全部润湿后，用玻璃棒轻轻挤压在膜支架上的滤纸以驱赶气泡，使滤纸的一端能紧贴在膜支架上。滤纸条是两个电极槽联系醋酸纤维素薄膜的桥梁，因而称为滤纸桥。

3. 电极槽的平衡　用平衡装置(或自制平衡管)连接两个电泳槽，使两个电极槽内的缓冲液彼此处于同一水平状态，一般需平衡15～20 min，注意，取出平衡装置时应将活塞关紧。

(二) 点样

1. 制备点样模板　取一张干净滤纸(10 cm×10 cm)，在距纸边1.5 cm处用铅笔划一平行线，此线为点样标志区。

2. 点样　用镊子取出浸透的薄膜，夹在两层滤纸间轻轻按压，吸去多余的缓冲液。无光泽面向上平放在点样模板上，使其底边与模板底边对齐。点样区距阴极端1.5 cm处。点样时，先用玻片一端截面蘸取一定量的血清，然后将蘸有样品的玻片截面垂直地与纤维素薄膜点样区处轻轻接触，样品即呈一条线“印”在薄膜上(图6-6)，使血清完全渗透至薄膜内，形成细窄而均匀的直线。此步是实验的关键，点样前应在滤纸上反复练习，掌握点样技术后再正式点样。

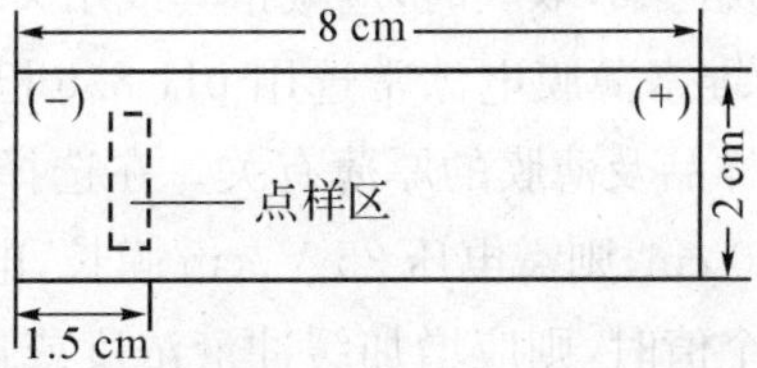

图 6－6　醋酸纤维素薄膜规格及点样位置示意图，虚线处为点样位置

（三）电泳

用镊子将点样端的薄膜平贴在阴极电泳槽支架的滤纸桥上（点样面朝下），另一端平贴在阳极端支架上。要求薄膜紧贴滤纸桥并绷直，中间不能下垂。如一电泳槽中同时安放几张薄膜，则薄膜之间应相隔几毫米。盖上电泳槽盖，使薄膜平衡 10 min。

用导线将电泳槽的正、负极分别连接，注意不要接错。在室温下电泳，打开电源开关，用电泳仪上细调节旋扭调到每厘米膜宽电流强度为 0.3 mA（8 片薄膜则为 4.8 mA）。通电 10～15 min 后，将电流调节到每厘米膜宽电流强度为 0.5 mA（8 片共 8 mA），电泳时间 50～80 min。电泳后调节旋钮使电流为零，关闭电泳仪切断电源。

（四）染色与漂洗

用解剖镊子取出电泳后的薄膜，放在含 0.5%氨基黑 10B 染色液的培养皿中，浸染 5 min。取出后再用漂洗液浸洗、脱色，每隔 10 min 换漂洗液一次，连续数次，直至背景蓝色脱尽。取出薄膜放在滤纸上，用吹风机的冷风将薄膜吹干。

（五）透明和保存

将脱色吹干后的薄膜浸入透明甲液中 2 min，立即放入透明乙液中浸泡 1 min，取出后立即紧贴于干净玻璃板上，两者间不能有气泡。2～3 min 薄膜完全透明。若透明太慢可用滴管取透明乙液少许在薄膜表面淋洗一次，垂直放置待其自然干燥，或用吹风机冷风吹干且无酸味。再将玻璃板放在流动的自来水下冲洗，当薄膜完全润湿后用单面刀片撬开薄膜的一角，用手轻轻将透明的薄膜取下，用滤纸吸干所有的水分，最后将薄膜置液状石蜡中浸泡 3 min，再用滤纸吸干液状石蜡，压平。此薄膜透明，区带着色清晰，可用于光吸收计扫描。长期保存不褪色。

【注意事项】

1. 醋酸纤维素薄膜的预处理　市售醋酸纤维素薄膜均为干膜片，薄膜的浸润与选膜是电泳成败的关键。将干膜片漂浮于电极缓冲液表面，其目的是选择膜片厚薄均匀，如漂浮 15～30 s 时，膜片吸水不均匀，则有白色斑点或条纹，这提示膜片厚薄不均匀，应弃去不用，以免造成电泳后区带扭曲，界限不清，背景脱色困难，结果难以重复。由于醋酸纤维素薄膜亲水性比纸小，浸泡 30 min 以上是保证膜片上有一定量的缓冲液，并使其恢复到原来多孔的网状结构。最好是让漂浮于缓冲液的薄膜吸满缓冲液后自然下沉，这样可将膜片上聚集的小气泡赶走。点样时，应将膜片表面多余的缓冲液用滤纸吸去，以免缓冲液太多引起样品扩散。但也不能吸得太干，太干则样品不易进入薄膜的网孔内，而造成电泳起始点参差不齐，影响分离效果。吸干的程度以不干不湿为宜。为防止指纹污染，取膜时，应戴指套或用夹子。

2. 缓冲液的选择　醋酸纤维素薄膜电泳常选用 pH 8.6 巴比妥缓冲液，其浓度为 0.05～0.09 mol/L。选择何种浓度与样品及薄膜的厚薄有关。在选择时，先初步定下某一浓度，如电泳槽电极之间的膜长度为 8～10 cm，则需电压 25 V/cm 膜长，电流强度为 0.4～0.5 mA/cm 膜宽。当电泳时达不到或超过这个值时，则应增加缓冲液浓度或进行稀释。缓冲液浓度过低，则区带泳动速度快，并由于扩散变宽；缓冲液浓度过高，则区带泳动速度慢，区带分布过于集中，不易分辨。

3. 加样量　加样量的多少与电泳条件、样品的性质、染色方法与检测手段灵敏度密切相关。作为一般原则，检测方法越灵敏，加样量越少，对分离更有利。如加样量过大，则电泳后区带分离不清楚，甚至互相干扰，染色也较费时。如电泳后用洗脱法定量时，每厘米加样线上需加样品 0.1～5 μl，相当 5～1 000 μg 蛋白。血清蛋白常规电泳分离时，每厘米加样线加样量不超过 1 μl，相当于 60～80 μg 蛋白质。但糖蛋白和脂蛋白电泳时，加样量则应多些。对每种样品加样量应先作预实验加以选择。

点样好坏是获得理想图谱的重要环节之一，以印章法加样时，动作应轻、稳，用力不能太重，以免将薄膜弄破或印出凹陷而影响电泳区带分离效果。

4. 电量的选择　电泳过程应选择合适的电流强度，一般电流强度为 0.4～0.5 mA/cm 膜宽为宜。电流强度高，则热效应高，尤其在温度较高的环境中，可引起蛋白质变性或由于热效应引起缓冲液中水分蒸发，使缓冲液浓度增加，造成膜片干涸。电流过低，则样品泳动速度慢且易扩散。

5. 染色液的选择　对纤维素薄膜电泳后应根据样品的特点加以选择。其原则是燃料对被分离样品有较强的着色力，背景易脱色；应尽量采用水溶性染料，不宜选择醇溶性染料，以免引起醋酸纤维素薄膜溶解。

应控制染色时间。时间长，薄膜底色深不易脱去；时间太短，着色浅不易区分，或造成条带染色不均匀，必要时可进行复染。

6. 透明及保存　透明液应临用前配制，以免冰乙酸及乙醇挥发而影响透明效果。这些试剂最好选用分析纯。透明前，薄膜应完全干燥。透明时间应掌握好，如在透明乙液中浸泡时间太长则薄膜溶解，太短则透明度不佳。

透明后的薄膜完全干燥后才能浸入液状石蜡中，使薄膜软化。如有水，则液状石蜡不易浸入，薄膜不易展平。

实验 6－4　质粒 DNA 琼脂糖凝胶电泳

【实训目的】

1. 掌握 DNA 琼脂糖凝胶电泳的原理。
2. 学会 DNA 琼脂糖凝胶电泳的基本操作技术。
3. 运用 DNA 琼脂糖凝胶电泳方法测定 DNA 片段大小。

【实训原理】

琼脂糖是一种从植物提取的天然聚合长链分子，沸水中溶解，45 ℃开始形成多孔刚性滤孔，凝胶孔径的大小决定于琼脂糖的浓度。

DNA 分子在碱性环境中（pH8.3 缓冲液）带负电荷，外加电场作用下，向正极泳动。不同的 DNA 片段由于其电荷、分子量大小及构型的不同，在电泳时的泳动速率就不同，从而可以区分出不同的区带，电泳后经核酸染色剂 Goldview 染色，在波长 254 nm 紫外光照射下，双链 DNA 显绿色荧光，单链 DNA 呈橘红色荧光。

凝胶电泳对 DNA 的分离作用主要依据 DNA 的分子量及分子构型，同时与凝胶的浓度也有密切关系。一定大小的 DNA 片段在不同浓度的琼脂糖凝胶中，电泳迁移率不相同。不同浓度的琼脂糖凝胶适宜分离 DNA 片段大小范围见表 6-2。因而要有效分离大小不同的 DNA 片段，主要是选用适当的琼脂糖凝胶浓度。不同构型的 DNA 在琼脂糖凝胶中的电泳速度差别较大。在分子量相当的情况下，不同构型的 DNA 移动速度次序如下：超螺旋 DNA＞直线 DNA＞开环的双链环状 DNA（未复制完全的 DNA）。在同一浓度的凝胶中，分子量较小的 DNA 片段比较大的片段快。DNA 片段的迁移距离（迁移率）与它的大小（分子量）的对数成反比。将未知 DNA 的迁移距离与已知分子大小的 DNA 标准物的电泳迁移距离进行比较，即可计算出未知 DNA 片段的大小。

琼脂糖凝胶电泳是分离鉴定和纯化 DNA 片段的标准方法。当用低浓度的荧光嵌入染料 Goldview 核酸染色剂染色，在紫外灯下至少可以检测出 1～10 ng 的 DNA 条带，从而可以确定 DNA 片段在凝胶中的位置。此外，还可以从电泳后的凝胶中回收特定的 DNA 片段，用于以后的克隆操作。

【实训设备、材料和试剂】

（一）设备和器材

微波炉，琼脂糖平板电泳装置，凝胶塑料托盘（配样梳），电泳仪，蛋白核酸凝胶成像系统。锥形瓶（100 ml），小烧杯（50 ml，100 ml，250 ml），微量移液器（2 μl，20 μl，200 μl，1 000 μl），洗瓶（盛蒸馏水），大烧杯，量筒（50 ml），Eppendorf 离心管及其离心管架，一次性塑料手套。

（二）材料

DNA Marker，质粒 DNA（上次实验已提取），Tris，冰乙酸，琼脂糖，EDTA · Na_2 · $2H_2O$，Goldview 核酸染色剂，6×电泳载样缓冲液（购买）。

（三）试剂

1. 50×TAE 电泳缓冲液　242 g Tris
　　57.1 ml 冰乙酸（17.4 mol/L）
　　200 ml 0.5 mol/L EDTA（pH 8.0）补足至 1 L

2. 6×电泳载样缓冲液　0.25% 溴酚蓝，40%（w/v）蔗糖水溶液，贮存于 4 ℃。

3. Goldview　棕色瓶装，Goldview 酸性较强，对皮肤和眼镜有一定的刺激，配制和使用时应戴乳胶手套，并且不要将该溶液洒在地面或桌面上。

【实训操作】

（一）安装胶板

用配套挡板将凝胶塑料托盘短边缺口封住，置水平玻板或水平工作台面上，将样品槽模板（梳子）插进托盘长边上的凹槽内（距一端约 1.5 cm），梳齿底边与托盘表面保持 0.5～1 mm 的间隙，安置好后保持静置状态。如图 6-7 所示。

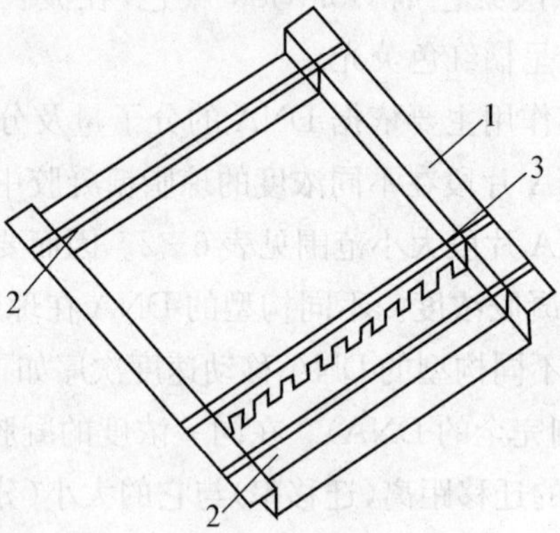

图 6-7　凝胶托盘的组装

1. 托盘；2. 挡板；3. 梳子

（二）制备琼脂糖凝胶

1. 稀释 TAE 缓冲液　取 50×TAE 缓冲液 20 ml 加水至 1 000 ml，配制成稀释缓冲液，待用。

2. 制备胶液　称取 0.4 g 琼脂糖，置于 200 ml 锥形瓶中，加入 50 ml TAE 稀释缓冲液，放入微波炉里（电炉上）加热至琼脂糖全部熔化，取出摇匀，此为 0.8%琼脂糖凝胶液。加热过程中要不时摇动，使附于瓶壁上的琼脂糖颗粒进入溶液。当冷却至 50～60 ℃时，向琼脂糖胶液中加入一滴 Goldview（约 3 μl），摇匀。

3. 倒胶　将制备好的 50～60 ℃的胶液倒至安装好的胶膜内，温度不可太低，否则凝固不均匀，速度也不可太快，否则容易出现气泡。待胶完全凝固后拨出梳子，注意不要损伤梳底部的凝胶。然后向槽内加入 TAE 稀释缓冲液至液面恰好没过胶板上表面。

（三）制样与上样

1. 制样　按照电泳载样缓冲液使用说明制样。如 10 μl 质粒 DNA 与 2 μl 6×电泳载样缓冲液混匀。

2. 上样　用微量移液器小心将制的样品加入样品槽中，上样量依据 DNA 浓度确定，若 DNA 含量偏低，可增加上样量，但总体积不可超过样品槽容量（20 μl）。每加完一个样品要更换 tip 头，以防止互相污染，注意上样时要小心操作。同时，其中一个样品槽中上样 DNA 标准品作为对照。

（四）DNA 电泳

加完样后，合上电泳槽盖，将靠近样品槽一端连接负极，另一端连接正极（千万不要搞错），接通电源，开始电泳。控制电压保持在 60～80 V，电流在 40 mA 以上。当溴酚蓝条带移动到距凝胶前沿约 2 cm 时，停止电泳。

（五）观察和拍照

小心地取出凝胶置托盘上，将胶板推至预先浸湿并铺在紫外灯观察台上的玻璃纸内，在波长 254 nm 紫外灯下进行观察。DNA 存在的位置呈现绿色荧光，可观察到清晰的条带。观察时应戴上防护眼镜，避免紫外灯对眼睛的伤害。

【结果分析】

质粒 DNA 应呈现 1～3 条不同构型的条带，这时表明所提样品较纯，如图 6－8 所示。移动速度最快的是超螺旋 DNA，其次是直线 DNA，开环的双链环状 DNA（复制中间体）移动最慢。如果溴酚蓝前有荧光区，则表明样品中存在 RNA。若迁移率小的地方还有荧光条带，表明质粒 DNA 样品中混有染色体 DNA。由于质粒 DNA 处在不同的状态，在实验过程中，通常呈现 1～2 条带。

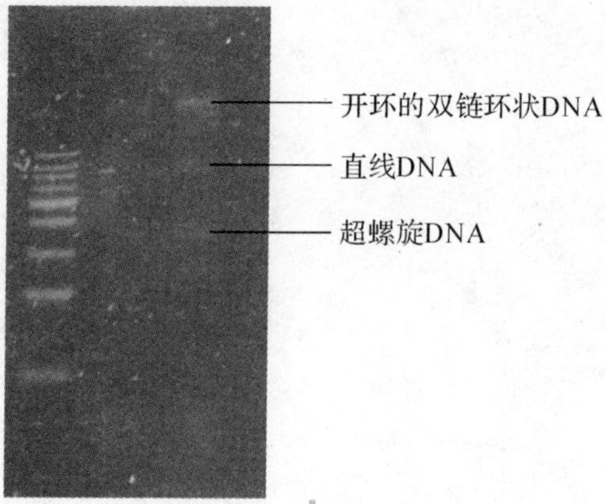

图 6－8　质粒 DNA 电泳图

【注意事项】

1. Goldview 棕色瓶装，对皮肤和眼镜有一定的刺激，配制和使用时应戴乳胶手套，并且不要将该溶液洒在地面或桌面上

2. 注意正负极不能接反。

知识与能力测试

1. 在不连续体系 SDS-PAGE 中，当分离胶加完后，需在其上加一层异丙醇，为什么？
2. 在不连续体系 SDS-PAGE 中，分离胶与浓缩胶中均含有 TEMED 和 AP，试述其作用。
3. 样品液为何在加样前需在沸水中加热几分钟？
4. 名词解释：DNA Marker，区带电泳，电渗现象，电泳迁移率。

5. 通过醋酸纤维素薄膜电泳分离血清蛋白实验，讨论下列问题：

(1) 根据人血清中血清蛋白各组分等电点，如何估计它们在 pH 8.6 的巴比妥-巴比妥钠电极缓冲液中移动的相对位置？

(2) 醋酸纤维素薄膜与滤纸相比较，有哪些优点？

6. 根据实验结果，解释琼脂糖凝胶电泳测定 DNA 片段大小的根据。

7. 琼脂糖凝胶电泳中 DNA 分子迁移率受哪些因素的影响？

模块三　生化检测技术

生化检测技术是根据物质的各种性质对物质进行定性、定量检测的各种技术。主要包括化学检测技术、分光光度检测技术、酶学检测技术、气体检测技术、生物检测技术等。在生物制药领域，对发酵过程中代谢物及产物检测用到最多的是化学检测技术、分光光度检测技术，本模块主要介绍这两种检测技术。

化学检测技术、分光光度检测技术、酶学检测技术，其余检测技术有专门的课程介绍。在生物制药领域，对发酵过程及产物检测所检测的生物化学物质种类繁多，主要包括各种蛋白质、多肽、氨基酸、核酸、核苷酸、多糖、寡糖、单糖及各种初级代谢物及次级代谢物等。在生物制药领域，检测较多的生化物质主要有糖类、蛋白质和核酸，本模块主要介绍这三类物质的检测。

第七章　化学检测技术

化学检测是根据物质的化学性质而对物质进行定性、定量测定的方法，是应用最早和最广的检测技术。具有简单、快速、操作方便的特点，适用于许多物质的检测。本章仅介绍糖类、蛋白质和核酸类物质的化学检测。

第一节　糖类的化学检测

一、糖类的化学检测的原理

糖类包括多糖、双糖和单糖。其中单糖含有游离醛基或酮基，某些双糖含有游离醛基，使之具有还原性，称为还原糖。多糖和蔗糖等其他双糖无还原性，称为非还原糖。

还原糖的检测是利用游离醛基或酮基的还原性，与试剂(氧化剂)进行氧化还原反应而进行测定的。非还原糖虽不具有还原性，但都可以通过水解生成相应的还原性糖，通过测定水解液的还原糖含量可以求得样品中相应糖类的含量。因此，还原糖的测定是一般糖类定量的基础。

二、糖类的化学检测方法

糖类物质的化学检测方法有还原糖、比色法和碘量法等，如图 7－1 所示。在生产和实验室工作中应用最多的是还原糖和比色法，本节重点介绍这两种。

- 化学法
  - 还原糖法
    - 直接滴定法（改良的兰-爱农法）
    - 高锰酸钾法
    - 萨氏法
  - 碘量法
  - 比色法
    - 3,5-二硝基水杨酸
    - 酚-硫酸法
    - 蒽酮法
    - 半胱氨酸-咔唑法

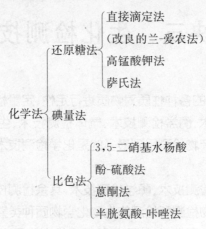

图 7－1　糖类的化学测定方法

（一）还原糖法

还原糖法主要利用碱性铜盐方法测定，碱性铜盐溶液即为费林试剂，由碱性酒石酸铜甲、乙液组成。甲液为硫酸铜溶液，乙液为酒石酸钾钠等配成的溶液。在加热条件下，还原糖能将碱性酒石酸铜溶液中的 $Cu^{2+} \rightarrow Cu^{+} \rightarrow Cu_2O$。下面仅介绍直接滴定法、高锰酸钾滴定法和萨氏法的原理和特点。

1. 直接滴定法

测定原理：直接滴定法又称费林试剂热滴定法。其测定原理是将一定量的碱性酒石酸铜甲液、乙液等量混合，立即生成天蓝色的氢氧化铜沉淀，该沉淀很快与酒石酸钾钠反应，生成深蓝色的可溶性酒石酸钾钠铜络合物。酒石酸钾钠铜具有氧化性，在加热条件下，能将还原糖氧化成醛酸，本身还原为氧化亚铜沉淀。反应终点用次甲基蓝指示，次甲基蓝是一种氧化还原指示剂，其氧化型为蓝色，还原型为无色，它的氧化能力比 Cu^{2+} 弱，待还原糖将二价铜全部还原后，稍过量的还原糖则可把次甲基蓝还原，溶液由蓝色变为无色，即为滴定终点。试样经除去蛋白质后，在加热条件下，以次甲基蓝作指示剂，滴定标定过的碱性酒石酸铜液（用还原糖标准溶液标定碱性酒石酸铜溶液），根据样品液消耗体积计算还原糖量。

方法特点：本法又称快速法，其特点是试剂用量少，操作和计算都比较简便、快速，滴定终点明显。该法滴定操作条件要求很严，滴定必须在沸腾条件下进行，测定结果与试验条件有关，如试剂碱度、热源强度、加热时间和滴定速度等。适用于各类食品中还原糖的测定。但测定酱油、深色果汁等样品时，因色素干扰，滴定终点常常模糊不清，影响准确性。

直接滴定法所用的碱性酒石酸铜溶液配制方法不同于蓝-爱农滴定法和高锰酸钾滴定法。配制方法：甲液 15.00 g 硫酸铜及 0.05 g 次甲基蓝，溶于水中并稀释至 1 000 ml。乙液 50.00 g 酒石酸钾钠及 70 g 氢氧化钠溶于水中，再加入 4 g 亚铁氰化钾，完全溶解后稀释至 1 000 ml。亚铁氰化钾的作用是与 Cu_2O 生成可溶性络合物，而不再析出红色沉淀，消除沉淀对观察滴定终点的干扰。该法滴定操作条件要求很严，滴定必须在沸腾条件下进行，测定结果与试验条件有关，如试剂碱度、热源强度、加热时间和滴定速度等。

2. 高锰酸钾滴定法

测定原理：将一定量的样液与一定量过量的碱性酒石酸铜溶液反应，还原糖将二价铜还原为氧化亚铜，经过滤得到氧化亚铜沉淀，加入过量的酸性硫酸铁溶液，氧化亚铜被氧化成铜盐而溶解，而三价铁盐被定量地还原为亚铁盐，用高锰酸钾标准溶液滴定所生成的亚铁盐，根据高锰酸钾溶液消耗量可计算出氧化亚铜的量。再从《相当于氧化亚铜质量时葡萄糖、果糖、乳糖、转化糖的质量表》中查出与氧化亚铜相当的还原糖量，即可计算出样品中还原糖含量。

反应方程式为：

$$Cu_2O + Fe_2(SO_4)_3 + H_2SO_4 \longrightarrow 2CuSO_4 + 2FeSO_4 + H_2O$$

$$10FeSO_4 + 2KMnO_4 + 8H_2SO_4 \longrightarrow 5Fe_2(SO_4)_3 + 2MnSO_4 + K_2SO_4 + 8H_2O$$

由反应式可知，5 摩尔氧化亚铜相当于 2 摩尔高锰酸钾，故根据高锰酸钾标准溶液的消耗量可计算出氧化亚铜量。再由氧化亚铜量检索附表 4 得出相当的还原糖量。

方法特点：高锰酸钾滴定法又称 Bertrand 法。该法的准确度和重现性都优于直接滴定法，方法的准确度高，重现性好，有色样液也不受限制。但流程长、步骤多、操作复杂、费时，需使用高锰酸钾法糖类检索表。

高锰酸钾滴定法所用的碱性酒石酸铜溶液配制方法与直接滴定法不同，配制方法如下：甲液 34.639 g 硫酸铜加适量水溶解，加 0.5 ml 硫酸，并稀释至 500 ml。乙液 173.00 g 酒石酸钾钠及 50 g 氢氧化钠加适量水溶解，并稀释至 500 ml。

3. 萨氏法

测定原理：将一定量的样液与过量的碱性铜盐溶液共热，样液中的还原糖定量地将二价铜还原为氧化亚铜。氧化亚铜在酸性条件下溶解为一价铜离子，同时碘化钾被碘酸钾氧化后析出游离碘。一价铜将碘还原为碘化物，而本身从一价铜被氧化成二价铜。剩余的碘与硫代硫酸钠标准溶液反应。根据硫代硫酸钠标准溶液消耗量可求出与一价铜反应的碘量，从而计算出样品中还原糖含量。

方法特点：萨氏法又称为 Somogyi 法，是一种微量法，检出量在 0.015～3 mg，灵敏度高，重现性好，结果准确可靠。萨氏法所用的碱性铜盐溶液，主要由硫酸铜-磷酸盐-酒石酸盐组成。萨氏试剂用 Na_2HPO_4 部分代替 NaOH，使试剂碱性减弱，因此配成混合溶液也可以保存较长时间。萨氏试剂中大量的 Na_2SO_4 可降低反应液中的溶解氧，避免生成的 Cu_2O 重新氧化。应严格控制操作条件，萨氏试剂的标定和样品测定在同一条件进行。

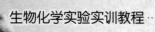

（二）比色法

比色法(colorimetry)是选择适当的显色试剂与还原糖反应以生成有色化合物的显色反应为基础，通过比较或测量有色物质溶液颜色深度来确定还原糖含量的方法。

1. 蒽酮法

测定原理：糖类(包括多糖)在硫酸作用下，脱水生成糠醛或羟甲基糠醛，生成的糠醛或羟甲基糠醛与蒽酮脱水缩合，生成蓝绿色的糠醛衍生物，当糖的量在 20～200 mg 范围内时，其呈色强度与溶液中糖的含量成正比，故可比色定量糖的含量。在 620 nm 波长处有最大吸收，利用标准曲线计算得出样品中糖含量。

方法特点：蒽酮法是微量法，灵敏度高，试剂用量少，最小检出量 30 μg。当样品中有较多含色氨酸的蛋白质时，反应不稳定，呈红色。蒽酮法按操作的不同可分为几种，主要区别在于蒽酮试剂中硫酸的浓度、取样液量、蒽酮试剂用量、蒽酮浓度、沸水浴中反应时间、室温显色时间、水浴温度、外源加热与否。

2. 3,5-二硝基水杨酸法

测定原理：在碱性条件下，还原糖与 3,5-二硝基水杨酸共热，3,5-二硝基水杨酸被还原为 3-氨基-5-硝基水杨酸(棕红色物质)，还原糖则被氧化成糖酸及其他产物。在一定范围内，还原糖的量与棕红色物质颜色深浅的程度成正比例关系，在 540 nm 波长下测定棕红色物质的消光值，利用标准曲线计算得出样品中还原糖含量。

方法特点：3,5-二硝基水杨酸法适用于各类样品中还原糖的测定，操作简便、快速、灵敏度高、杂质干扰较小，但灵敏度低于蒽酮法。分析结果与直接滴定法基本一致。尤其适用于大批样品的测定。

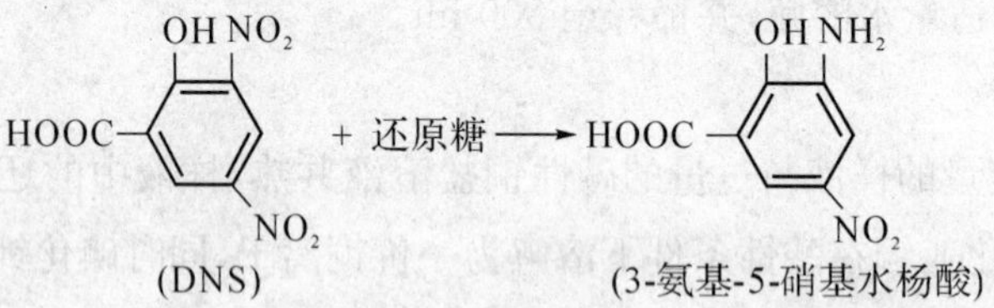

图 7－2　DNS 比色法测还原糖原理

3. 2,4-二硝基酚法

测定原理：2,4-二硝基酚的碱性溶液与还原糖在加热时发生从浅黄色到橙色的氧化还原反应，在 480 nm 波长处有最大吸收峰，且在一定的还原糖浓度范围内与还原糖含量呈正相关。由标准曲线的线性回归方程可求出参加显色反应的还原糖含量。

方法特点:2,4-二硝基酚法简便、快速、准确、重现性好、灵敏度高、计算简单。

第二节 蛋白质和氨基酸的化学检测

测定蛋白质的方法可分为两大类:一类是利用蛋白质的共性,即含氮量、肽键和折射率等测定蛋白质含量;另一类是利用蛋白质中特定氨基酸残基、酸性和碱性基因以及芳香基团等测定蛋白质含量。蛋白质含量测定最常用的方法是凯氏定氮法,它是测定总有机氮的最准确和操作较简便的方法之一,在国内外应用普遍。此外,双缩脲法、染料结合法、酚试剂法等也常用于蛋白质含量测定,由于方法简便快速,故多用于生产单位质量控制分析。

一、蛋白质含量的化学检测

(一) 凯氏定氮法

凯氏定氮法由 Kieldahl 于 1833 年首先提出,经过长期改进,迄今已演变成常量法、微量法、自动定氮仪法、半微量法及改良凯氏法等多种,至今仍被作为标准检验方法。

该法是通过测出样品中的总含氮量再乘以相应的蛋白质系数 $F(F=6.25)$ 而求出蛋白质含量的,由于样品中常含有少量非蛋白质含氮化合物,故此法的结果称为粗蛋白质含量。下面仅以常量凯氏定氮法为例重点介绍原理,其余几种方法原理同常量凯氏定氮法。

1. 原理 样品与浓硫酸和催化剂一同加热消化,使蛋白质分解,其中碳和氢被氧化成二氧化碳和水逸出,而样品中的有机氮转化为氨与硫酸结合成硫酸铵。然后加碱蒸馏,使氨蒸出,用硼酸吸收后再以标准盐酸或硫酸溶液滴定。根据标准酸消耗量可计算出蛋白质的含量。

2. 操作要点

(1) 样品消化:在消化装置中进行(图 7-3(a)),反应方程式如下:

$$2NH_3(CH_2)COOH+13H_2SO_4 = (NH_4)_2SO_4+6CO_2+12SO_2+16H_2O$$

消化一定要用浓硫酸(98%)。浓硫酸具有脱水性,使有机物脱水后被炭化为碳、氢、氮。浓硫酸又有氧化性,将有机物炭化后的碳成为二氧化碳,硫酸则被还原成二氧化硫。此外,在消化反应中,为了加速蛋白质的分解,缩短消化时间,常加入下列物质:

①加硫酸钾:加入硫酸钾可以提高溶液的沸点而加快有机物分解。它与硫酸作用生成硫酸氢钾可提高反应温度,一般纯硫酸的沸点在 340 ℃左右,而添加硫酸钾后,可使温度提高至 400 ℃以上,原理主要在于随着消化过程中硫酸不断地被分解,水分不断逸出而使硫酸钾浓度增大,故沸点升高。也可以加入硫酸钠、氯化钾等盐类来提高沸点,但效果不如硫酸钾。也可加入其他增温剂,效果弱于硫酸钾。

②加硫酸铜:硫酸铜起催化剂的作用。凯氏定氮法中可用的催化剂种类很多,除硫酸铜外,还有氧化汞、汞、硒粉、二氧化钛等,但考虑到效果、价格及环境污染等多种因素,应用最广泛的是硫酸铜。硫酸铜除起催化剂的作用外,还可指示消化终点的到达,以及下一步蒸馏时作为碱

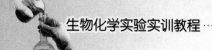

性反应的指示剂。

③加氧化剂：如过氧化氢、次氯酸钾等加速有机物氧化速度。

(2) 蒸馏和吸收：在消化完全的样品溶液中加入浓氢氧化钠使呈碱性，加热蒸馏烧瓶，即可释放出氨气，氨气可用硼酸溶液进行吸收(图 7-3(b))，反应方程式如下：

$$2NaOH+(NH_4)_2SO_4 \xlongequal{\triangle} 2NH_3\uparrow+Na_2SO_4+2H_2O$$

$$2NH_3+4H_3BO_3 \xlongequal{} (NH_4)_2B_4O_7+5H_2O$$

(3) 滴定：待氨气吸收完全后，再用盐酸标准溶液滴定，因硼酸呈微弱酸性，用酸滴定不影响指示剂的变色反应，但它有吸收氨的作用，吸收及滴定反应方程如下：

$$(NH_4)_2B_4O_7+5H_2O+2HCl \xlongequal{} 2NH_4Cl+4H_3BO_3$$

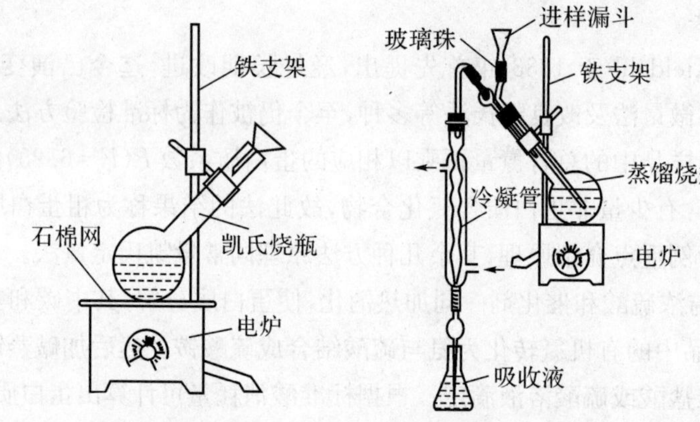

(a) 消化装置　　(b) 蒸馏、吸收装置

图 7-3　常量凯氏定氮消化、蒸馏装置

3. 适用范围　此法可应用于各类食品中蛋白质含量测定，是国家标准分析方法。传统的凯氏定氮法应用范围广，灵敏度高、准确，不要大仪器，但费时间，有环境污染。

(二) 双缩脲法

1. 原理　当脲(尿素)被小心地加热至 150～160 ℃时，可由两个分子间脱去一个氨分子而生成二缩脲(也叫双缩脲)，反应如下：

$$H_2NCONH_2+H—N(H)—CO—NH_2 \longrightarrow H_2NCONHCONH_2+NH_3$$

双缩脲与碱及少量硫酸铜溶液作用生成紫红色的配合物，此反应称为双缩脲反应，如图 7-4 所示。

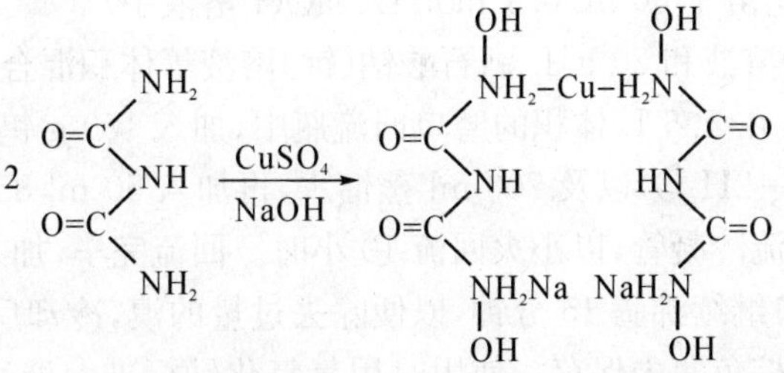

(双缩脲)　　　　　　　　(紫红色配合物)

图 7-4　双缩脲反应

由于蛋白质分子中含有肽键(—CO—NH—)，与双缩脲结构相似，故也能呈现此反应而生成紫红色配合物，在一定条件下其颜色深浅与蛋白质含量成正比，据此可用吸收光度法来测定蛋白质含量，该配合物的最大吸收波长为 560 nm。

2. 操作要点

(1) 标准曲线的绘制：以采用凯氏定氮法测出蛋白质含量的样品作为标准蛋白质样。按蛋白质含量 40 mg、50 mg、60 mg、70 mg、80 mg、90 mg、100 mg、110 mg 分别称取混合均匀的标准蛋白质样于 8 支 50 ml 纳氏比色管中，然后各加入 1 ml 四氯化碳，再用碱性硫酸铜溶液准确稀释至 50 ml，振摇 10 min，静置 1 h，取上层清液离心 5 min，取离心分离后的透明液于比色皿中，在 560 nm 波长下以蒸馏水作参比液调节仪器零点并测定各溶液的吸光度 A，以蛋白质的含量为横坐标，吸光度 A 为纵坐标绘制标准曲线。

(2) 样品的测定：准确称取样品适量(即使得蛋白质含量在 40～110 mg)于 50 ml 纳氏比色管中，加 1 ml 四氯化碳，按上述步骤显色后，在相同条件下测其吸光度 A。用测得的 A 值在标准曲线上即可查得蛋白质毫克数，进而由此求得样品中的蛋白质含量。

3. 结果计算

$$\text{蛋白质}(\text{mg}/100\ \text{g})=\frac{c\times 100}{m}$$

式中：c——由标准曲线上查得的蛋白质质量，mg；

m——样品质量，g。

4. 方法特点及应用范围　本法灵敏度较低，但操作简单快速，故在生物化学领域中测定蛋白质含量时常用此法。

(三) 福林-酚比色法

1. 原理　蛋白质与福林(Folin)-酚试剂反应，产生蓝色复合物。作用机制主要是蛋白质中的肽键与碱性铜盐产生双缩脲反应，同时也由于蛋白质中存在的酪氨酸与色氨酸同磷钼酸-磷钨酸试剂反应产生颜色。呈色强度与蛋白质含量成正比，是检测可溶性蛋白质含量最灵敏的经典方法之一。

2. 试剂

(1) 福林酚试剂甲：将溶液 A 50 ml 和溶液 B 1 ml 混合即成。现用现配，过期失效。

溶液 A：1 g Na_2CO_3溶于 50 ml 0.1 mol/L NaOH 溶液中。

溶液 B：将 1%硫酸溶液和 20 g/L 酒石酸钠（钾）溶液等体积混合而成。

（2）福林酚试剂乙：在 1.5 L 体积的磨口回流瓶中，加入 100 g 钨酸钠（$Na_2WO_4 \cdot 2H_2O$）、25 g 钼酸钠（$Na_2MoO_4 \cdot 2H_2O$）以及 700 ml 蒸馏水，再加入 50 ml 85%磷酸溶液及 100 ml 浓盐酸，充分混合，接上回流冷凝管，以小火回流 10 小时。回流完毕，加入 150 g 硫酸锂、50 ml 蒸馏水及数滴液体溴，开口继续沸腾 15 分钟，以便除去过量的溴，冷却后加水定容至1 000 ml，过滤，滤液呈微绿色，置于棕色瓶中保存。使用时用氢氧化钠标准溶液滴定，以酚酞作指示剂，最后用蒸馏水稀释（1 倍左右），使最终浓度为 1.0 mol/L。

（3）牛血清蛋白标准溶液：精确称取牛血清蛋白或酪蛋白，配制成 100 μg/ml 溶液。

3. 测定　吸取一定量的样品稀释液，加入试剂甲 3.0 ml，置于 25 ℃水中水浴保温 10 分钟，再加入试剂乙 0.3 ml，立即混匀，保温 30 min，以介质溶液调零，测定 $A_{750\ nm}$值，与蛋白质标准液作对照，求出样品的蛋白质的含量。

本法在 0～60 mg/L 蛋白质范围呈良好线性关系。

4. 方法特点及应用范围　相比于双缩脲法，福林-酚法灵敏度高，实测的蛋白质最小量比双缩脲法约小 2 个数量级。但对双缩脲法有干扰的物质对福林酚法的影响更大，酚类及柠檬酸也均对本法有干扰。

二、氨基酸含量的化学检测

（一）甲醛滴定法

1. 原理　氨基酸具有酸性的—COOH 基和碱性的—NH_2基。它们相互作用而使氨基酸成为中性的内盐。当加入甲醛溶液时，—NH_2基与甲醛结合，从而使其碱性消失。这样就可以用标准强碱溶液来滴定—COOH 基，并用间接的方法测定氨基酸总量，如图 7－5 所示。反应式如下：

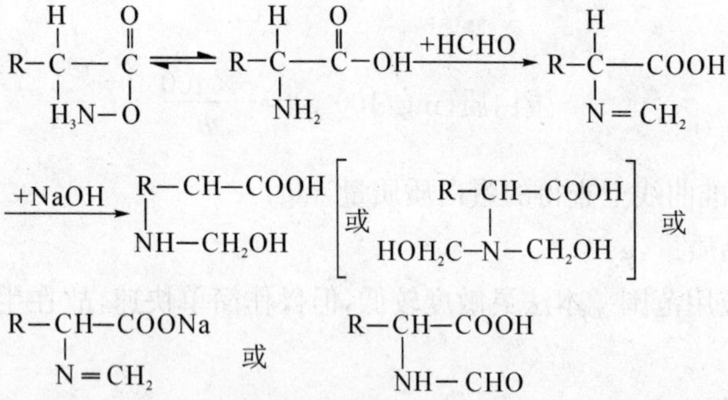

图 7－5　甲醛滴定法测定氨基酸含量的原理

2. 方法特点及应用　此法简单易行、快速方便，可用于各类样品游离氨基酸含量测定。此外，浑浊和色深样液可不经处理而直接测定。在发酵工业中常用此法测定发酵液中氨基氮含量的变化，来了解可被微生物利用的氮源的量及利用情况，并以此作为控制发酵生产的指标之一。脯氨酸与甲醛作用时产生不稳定的化合物，使结果偏低；酪氨酸含有酚羧基，滴定时也会消耗一些碱而致使结果偏高;溶液中若有铵存在也可与甲醛反应,往往使结果偏高。

3. 操作方法　吸取含氨基酸约 20 mg 的样品溶液于 100 ml 容量瓶中,加水至标线,混匀后吸取 20.0 ml 置于 200 ml 烧杯中,加水 60 ml,开动磁力搅拌器,用 0.05 mol/L 氢氧化钠标准溶液滴定至酸度计指示 pH 8.2,记录消耗氢氧化钠标准溶液毫升数,供计算总酸含量。

加入 10.0 ml 甲醛溶液,混匀。再用上述氢氧化钠标准溶液继续滴定至 pH 9.2,记录消耗氢氧化钠标准溶液毫升数。

同时取 80 ml 蒸馏水置于另一 200 ml 洁净烧瓶中,先用氢氧化钠标准溶液调至 pH 8.2,(此时不计碱消耗量),再加入 10.0 ml 中性甲醛溶液,用 0.05 mol/L 氢氧化钠标准溶液滴定至 pH 9.2,作为试剂空白试验。

4. 结果计算

$$\text{氨基酸态氮质量分数}(\%)=\frac{(V_1-V_2)\times c\times 0.014}{m\times 20/100}\times 100$$

式中:V_1——样品稀释液在加入甲醛后滴定至终点(pH 9.2)所消耗氢氧化钠标准溶液的体积,ml;

V_2——空白试验加入甲醛后滴定至终点所消耗的氢氧化钠标准溶液的体积,ml;

c——氢氧化钠标准溶液的浓度,mol/L;

m——测定用样品溶液相当于样品的质量,g;

0.014——氮的毫摩尔质量,g/mmol。

(二) 茚三酮比色法

1. 原理　氨基酸在碱性溶液中能与茚三酮作用,生成蓝紫色化合物(除脯氨酸外均有此反应),可用吸光光度法测定。

该蓝紫色化合物的颜色深浅与氨基酸含量成正比,其最大吸收波长为 570 nm,故据此可以测定样品中氨基酸含量。

2. 操作方法

(1) 标准曲线绘制:准确吸取 200 μg/ml 的氨基酸标准溶液 0.0 ml、0.5 ml、1.0 ml、1.5 ml、2.0 ml、2.5 ml、3.0 ml(相当于 0 μg、100 μg、200 μg、300 μg、400 μg、500 μg、600 μg 氨基酸),分别置于 25 ml 容量瓶或比色管中,各加水补充至容积为 4.0 ml,然后加入茚三酮溶液(20 g/L)和磷酸盐缓冲溶液(pH 为 8.04)各 1 ml,混合均匀,于水浴上加热 15 min,取出迅速冷至室温,加水至标线,摇匀。静置 15 min 后,在 570 nm 波长下,以试剂空白为参比液测定其余各溶液的吸光度 A。以氨基酸的微克数为横坐标,吸光度 A 为纵坐标,绘制标准曲线。

(2) 样品测定:吸取澄清的样品溶液 1～4 ml,按标准曲线制作步骤,在相同条件下测定吸光度 A 值,用测得的 A 值在标准曲线上可查得对应的氨基酸微克数。

3. 结果计算

$$\text{氨基酸含量}(\text{mg}/100\ \text{g})=\frac{c}{m\times 1\,000}\times 100$$

式中：c——从标准曲线上查得的氨基酸的质量数，μg；

m——测定的样品溶液相当于样品的质量，g。

需要注意的问题：

(1) 通常采用的样品处理方法为：准确称取粉碎样品 5～10 g 或吸取样液样品 5～10 ml，置于烧杯中，加入 50 ml 蒸馏水和 5 g 左右活性炭，加热煮沸，过滤，用 30～40 ml 热水洗涤活性炭，收集滤液于 100 ml 容量瓶中，加水至标线，摇匀备测。

(2) 茚三酮受阳光、空气、温度、湿度等影响而被氧化呈淡红色或深红色，使用前须进行纯化。

第三节　核酸的化学检测

根据核酸所含的磷及戊糖的化学性质，可用定磷法、二苯胺法和地衣酚法进行检测，本节重点介绍前两种方法。

一、定磷法测定核酸含量

1. 原理　首先将核酸样品用 5 mol/L 硫酸消化成无机磷，无机磷在酸性条件下与钼酸铵反应生成磷钼酸。在还原剂的作用下，磷钼酸生成蓝色的化合物钼蓝。反应式为：

$$H_3PO_4 + 12(NH_4)MoO_4 + 12H_2SO_4 = H_3PO_4 \cdot 12MoO_3 + 12(NH_4)_2SO_4 + 12H_2O$$

$$H_3PO_4 \cdot 12MoO_3 + 8H^+ = (2MoO_2 \cdot 4MoO_3)_2 \cdot H_3PO_4 \cdot 4H_2O$$

$$(NH_4)MoO_4 + H_2SO_4 \longrightarrow H_2MoO_4 + (NH_4)_2SO_4$$

$$H_3PO_4 + 12H_2MoO_4 \longrightarrow H_3P(Mo_3O_{10})_4 + 12H_2O$$

$$H_3P(Mo_3O_{10})_4 \longrightarrow Mo_2O_3 \cdot MoO_3\text{（钼蓝）}$$

还原产物钼蓝的最大吸收峰在 650～660 nm 波长处，可通过测定 A_{660} 测定磷含量，当无机磷含量在 1～25 μg 范围内，光吸收和含磷量成正比。

定磷试剂的配制：含硫酸、钼酸铵、维生素 C，浅黄色，如果变绿则不能使用，每组用 100 ml 烧杯取 70 ml。

2. 操作要点　核酸样品用硫酸消化，将有机磷转化成无机磷；制定定磷标准曲线；测定回收率和样品总磷量。

3. 核酸含量的计算　生物有机磷材料有时含有无机磷杂质，为了消除无机磷的影响，应同时测定样品中总磷量和无机磷含量（样品未经消化而直接测定的含磷量）。从总磷量中减去无机磷含量，才是样品中真正的磷含量。

不同来源的核酸的含磷量有所差别，一般 RNA 的含磷量为 9.5%，即 1 μg RNA 磷相当于 10.5 μg RNA。DNA 的含磷量平均为 9.9%。根据磷测定的结果，可以计算核酸（DNA 或 RNA）的含量。

$$\text{RNA 量} = (\text{总磷量} - \text{无机磷量}) \times \frac{100}{9.5}$$

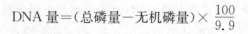

$$DNA量=(总磷量-无机磷量)\times \frac{100}{9.9}$$

二、二苯胺法测定 DNA 含量

1. 实验原理　脱氧核糖核酸中的脱氧核糖基在酸性环境中变成ω-羟基-γ酮基戊醛与二苯胺试剂一起加热产生蓝色化合物，在 595 nm 处有最大的吸收，在每毫升含 DNA 20～400 μg 范围内，光密度与 DNA 的浓度成正比，在反应液中加入少量乙醛，可以提高反应的灵敏度。除 DNA 外，脱氧木糖、阿拉伯糖也有同样的反应。

2. 二苯胺试剂的配制　称取 1.5 g 二苯胺溶于 100 ml 分析纯的冰醋酸中，加入 1.5 ml 浓硫酸，混匀备用，暗处保存。临用前加入 1 ml 1.6%乙醛溶液(乙醛溶液应保存于冰箱，一周内可使用)，所配得的溶液应为无色。

3. 操作要点

(1) DNA 标准曲线的制作：首先准确配 DNA 标准液 200 μg/ml。分别吸取 0 ml、0.4 ml、0.6 ml、0.8 ml、1.0 ml、1.2 ml、1.6 ml、1.8 ml 的 DNA 标准液，添加蒸馏水，使之均为 2 ml。然后各加入 3 ml 二苯胺试剂，混匀，于 60 ℃恒温水浴中保温 1 h(或于沸水中煮沸 15 min)，冷却测 $O.D_{595\ nm}$ 值。以光密度为纵坐标，DNA 含量(μg/ml)为横坐标，绘制标准曲线。

(2) 样品 DNA 含量的测定：取 2 支试管，取 2 ml 样品液，加入 3 ml 二苯胺试剂，混匀，其操作步骤与标准曲线的制作相同。根据测得的光密度值，从标准曲线上查出相当该光密度 DNA 的含量，按下式计算出样品中 DNA 的百分含量。

DNA 含量/毫升待测液＝标准曲线查得值×稀释倍数

4. 方法特点

(1) 二苯胺法测定 DNA 含量灵敏度不高，待测样品中 DNA 含量低于 50 mg/L 即难以测定。乙醛可增加二苯胺法测定 DNA 的发色量，又可减少脱氧木糖和阿拉伯糖的干扰，能显著提高测定的灵敏度。

(2) 样品中含有少量 RNA 并不影响测定，但因蛋白质、多种糖类及其衍生物、芳香醛、羟基醛等能与二苯胺反应形成有色化合物，故能干扰 DNA 定理。

第四节　实践训练

实验 7-1　费林试剂热滴定法测定还原糖

【实验目的】

熟悉费林试剂热滴定法测定还原糖的原理、方法和结果的计算。

【实验原理】

费林试剂热滴定定糖法的基本原理，是在沸热条件下，用还原糖溶液滴定一定量的费林试剂时，将费林试剂中的铜离子还原为氧化亚铜，以亚甲基蓝为指示剂，稍过量的还原糖立即将蓝色的氧化型亚甲基蓝还原为无色的还原型亚甲基蓝，指示滴定终点。

【实验仪器、设备和试剂】

实验仪器、设备：锥形瓶、滴定管、胶头滴管。

试剂的配制：

1. 费林试剂　是氧化剂，由甲、乙两种溶液组成。

甲液：称取 15 g 硫酸铜($CuSO_4 \cdot 5H_2O$)、0.05 g 次甲基蓝(氧化还原指示剂)用水溶解后稀释至 1 000 ml。

乙液：称取 50 g 酒石酸钾钠、70 g 氢氧化钠、4.0 g 亚铁氰化钾，用水溶解后稀释至 1 000 ml。

2. 0.1%标准葡萄糖液　准确称取 1 g 无水葡萄糖(105 ℃烘干 2 h)，用水溶解，加 5 ml 浓盐酸，用水定容至 1 000 ml。

【实验操作】

1. 空白测定　准确吸取费林试剂甲、乙液各 5 ml 和蒸馏水 10 ml 放入 250 ml 的锥形瓶中，同时在滴定管中预先加入 0.1%标准葡萄糖液 20 ml，从滴定管加入一定量的标准葡萄糖液于锥形瓶中(其加入量控制在后滴定时消耗 0.1%标准葡萄糖液 1 ml 以内)。混匀后放在电炉上加热，应使瓶内溶液在 2 min 内达到沸腾，立即以每滴 4～5 s 的速度由滴定管滴入 0.1%标准葡萄糖液直至蓝色消失为止。记录耗用的标准葡萄糖液的总毫升数(V_1)。总毫升数(V_1)是沸腾前加入的标准葡萄糖液量与沸腾后滴定时所用的标准葡萄糖液量的总和。平行测定三次，直至所得的平均数与各组的差值<0.1 ml。全部滴定过程必须在沸腾状态下快速进行，一般应在 3 min 内完成。因此，除控制滴定速度外，滴定前需加入一部分标准葡萄糖液。加入该液的数量，应在正式滴定前的预备滴定试验时确定，同时练习掌握操作条件。

2. 样品含糖量测定　准确吸取样品液 10 ml 放于 250 ml 锥形瓶内，加入费林甲液、乙液各 5 ml，混匀，然后按测定空白同样操作进行滴定，记下耗用标准葡萄糖的毫升数(V_2)。平行测定三次，直至所得的平均数与各组的差值<0.1 ml。

【结果计算】

$$\text{还原糖(以葡萄糖计)含量(\%)} = \frac{(V_1 - V_2) \times c \times n}{10} \times 100\%$$

式中：V_1——测定空白时耗用标准葡萄糖液毫升数；

V_2——测定还原糖时耗用的标准葡萄糖的毫升数；

c——标准葡萄糖液浓度，单位 g/ml；

n——稀释倍数。

本法又称快速法，其特点是试剂用量少，操作和计算都比较简便、快速，滴定终点明显。该法滴定操作条件要求很严，滴定必须在沸腾条件下进行，测定结果与试验条件有关，如试剂碱度、热源强度、加热时间和滴定速度等。适用于各类食品中还原糖的测定。但测定酱油、深色果汁等样品时，因色素干扰，滴定终点常常模糊不清，影响准确性。

实验 7－2 可溶性总糖的测定原理和方法

【实验目的】

掌握蒽酮法测定可溶性糖含量的原理和方法。

【实验原理】

强酸可使糖类脱水成糖醛，生成的糖醛或羟甲基糖醛与蒽酮脱水缩合，形成糖醛的衍生物，呈蓝绿色，该物质在 620 nm 处有最大吸收。在 10～100 μg 范围内其颜色的深浅与可溶性糖含量成正比。

这一方法有很高的灵敏度，糖含量在 30 μg 左右就能进行测定，所以可作为微量测糖之用。一般样品少的情况下，采用这一方法比较合适。

【仪器、试剂和材料】

1. 仪器　分光光度计，电子天平，三角瓶，大管，试管架，漏斗，容量瓶，试管，水浴锅。

2. 试剂　葡萄糖标准液，浓硫酸。

蒽酮试剂：0.2 g 蒽酮溶于 100 ml 浓硫酸中当日配制使用。

3. 材料　小麦。

【操作步骤】

1. 葡萄糖标准曲线的制作　取 7 支大试管，按下表数据配制一系列不同浓度的葡萄糖溶液：

表 7－1　制作葡萄糖溶液

管号	1	2	3	4	5	6	7
葡萄糖标准液(ml)	0	0.1	0.2	0.3	0.4	0.6	0.8
蒸馏水(ml)	1	0.9	0.8	0.7	0.6	0.4	0.2
葡萄糖含量(μg)	0	10	20	30	40	60	80

在每支试管中立即加入蒽酮试剂 4.0 ml，加完后一起浸于沸水浴中，准确煮沸 10 分钟取出，用流水冷却，室温放置 10 分钟，在 620 nm 波长下比色。以标准葡萄糖含量为横坐标，以吸光值为纵坐标作标准曲线。

2. 植物样品中可溶性糖的提取　将小麦剪碎至 2 mm 以下，准确称取 1 g，放入 50 ml 三角瓶中，加沸水 25 ml，在水浴中加盖煮沸 10 min，冷却后过滤，滤液收集在 50 ml 容量瓶中，定容至刻度。吸取提取液 2 ml 置另一50 ml容量瓶中，以蒸馏水稀释定容，摇匀测定。

3. 测定　吸取 1 ml 已稀释的提取液于大试管中，加入 4.0 ml 蒽酮试剂，操作同标准曲线制作。比色波长 620 nm，记录吸光度，在标准曲线上查出葡萄糖的含量(μg)。

查表所得糖含量×稀释倍数

【结果处理】

植物样品含糖量％＝查表所得糖含量(μg)×稀释倍数/样品重(g)×10^6×100

实验 7－3　3,5-二硝基水杨酸法(DNS 比色法)测还原糖

【实验目的】

1. 掌握 3,5-二硝基水杨酸比色法测定还原糖的原理。

2. 学习 3,5-二硝基水杨酸法测定淀粉中还原糖的方法。

【实验原理】

在 NaOH 和重蒸酚、Na_2SO_3 存在下，3,5-二硝基水杨酸(DNS)与还原糖共热后被还原生成氨基化合物。在过量的 NaOH 碱性溶液中此化合物呈橘红色，在 540 nm 波长处有最大吸收，在一定的浓度范围内，还原糖的量与光吸收值呈线性关系，利用比色法可测定样品中的含糖量。

该方法是半微量定糖法，操作简便，快速，杂质干扰较少。

【实验设备、材料和试剂】

1. 设备、器材　紫外可见光分光光度计，电子天平，100 ml 容量瓶，10 ml 具塞刻度试管(直径 16 mm，长 150 mm)，25 ml 容量瓶，电磁炉，10 ml 移液管，pH 精密试纸，标签纸，废液缸，不同规格的微量移液器及吸头，试管架，玻璃棒。

2. 材料和试剂

(1) 葡萄糖标准溶液：准确称取干燥恒重的葡萄糖标准品 0.2 g，加少量蒸馏水溶解后，以蒸馏水定容至 100 ml，即含葡萄糖为 2.0 mg/ml。

(2) 小麦粉中还原糖的提取：准确称取 0.5 g 小麦粉，放在 100 ml 烧杯中，先以少量蒸馏水(约 2 ml)调成糊状，然后加入 40 ml 蒸馏水，混匀，于 50 ℃ 恒温水浴中保温 20 min，不时搅拌，使还原糖浸出。过滤，将滤液全部收集在 50 ml 的容量瓶中，用蒸馏水定容至刻度，即为还原糖提取液。

(3) 3,5-二硝基水杨酸(简称 DNS)试剂：称取 6.3 g DNS 和 262 ml 2 mol/L NaOH，加到含有 182 g 酒石酸钾钠的 500 ml 热溶液中，再加 5 g 重蒸酚和 5 g Na_2SO_3，搅拌使其溶解，冷却后加蒸馏水定容至 1 000 ml，贮于棕色瓶中保存备用。

【实验操作】

(一) 葡萄糖标准曲线制作

1. 取 6 支 10 ml 具塞刻度试管，分别按表 7－2 顺序加入各种试剂：

表 7－2　DNS 比色法制作葡萄糖标准曲线

试剂(ml) \ 管号	空白	1	2	3	4	5
葡萄糖标准液(ml)	0	0.1	0.125	0.25	0.5	1.0
蒸馏水(ml)	5	4.9	4.875	4.75	4.5	4.0
葡萄糖浓度(μg/ml)	0	40	50	100	200	400
DNS 试剂(ml)	2	2	2	2	2	2

2. 将上述各管溶液混匀后，于沸水浴中加热 2 min 进行显色，立即用流动水迅速冷却后，

各加 7 ml 蒸馏水。

3. 在 540 nm 波长处测定光吸收值。以 5.0 ml 蒸馏水代替葡萄糖标准液按同样显色操作为空白调零点。

4. 以葡萄糖浓度(μg/ml)为横坐标，光吸收值为纵坐标，绘制标准曲线。

(二) 小麦粉中还原糖的测定

1. 将样品适当稀释一定倍数后待用。

2. 取 4 支 10 ml 刻度试管，其中 1 支加入蒸馏水 5.0 ml，作为对照；另 3 支分别加入稀释后的小麦粉还原糖液体 5.0 ml。每支试管各加 DNS 试剂 2 ml。以同样的反应量与反应条件进行反应，按制作标准曲线时同样的操作测定各管的吸光度，求平均值。如表 7－3 所示。

3. 将吸光度的平均值作为 y 值代入标准曲线方程，计算出 x，并乘以稀释倍数，即得到稀释后的小麦粉中还原糖的含量(μg/ml)。

表 7－3　小麦粉中还原糖的测定

试剂(ml) ＼ 管号	空白	1	2	3
样品稀释液(ml)	0	5.0	5.0	5.0
蒸馏水(ml)	5	0	0	0
DNS 试剂(ml)	2	2	2	2
A_{540}				

注：还原糖样品管，做 3 个平行管，测出 A_{540}，求平均值。

【结果分析】

按下式计算出样品中还原糖的百分含量：

$$\text{还原糖(以葡萄糖计)}\% = \frac{C\times V}{m\times 1\,000}\times 100$$

式中：C——还原糖提取液的浓度，mg/ml；

V——还原糖提取液的总体积，ml；

m——样品重量，g；

1 000——mg 换算成 g 的系数。

【注意事项】

为减少误差，标准曲线制作与样品还原糖含量测定应同时进行，一起显色和比色。

实验 7－4　考马斯亮蓝法测定蛋白质含量

【实验目的】

1. 掌握考马斯亮蓝法测定蛋白质浓度的原理和技术。

2. 熟悉考马斯亮蓝法制备蛋白质标准曲线的原理和方法。

3. 进一步巩固标准曲线的制备方法及用 Excel 软件绘制标准曲线，并利用标准曲线求出待测蛋白质含量。

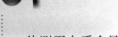

4. 进一步熟练正确地使用紫外分光光度计，并能维护和保养。

5. 比较考马斯亮蓝法和紫外吸收法测定蛋白质含量的优缺点。

【实验原理】

在酸性溶液中染料考马斯亮蓝 G-250 与蛋白质结合，此时考马斯亮蓝 G-250 颜色从红色变为蓝色，吸收高峰从 460 nm 移至 595 nm。利用这个原理可以测定蛋白质浓度。灵敏度最高，1～5 μg。

该法操作简单，反应时间短，染料-蛋白质颜色稳定，抗干扰性强。但是对于那些与标准精氨酸组成有较大差异的蛋白质，有一定误差，因为不同的蛋白质与染料的结合是不同的，故该法适合测定与标准蛋白质氨基酸组成相近的蛋白质。

【实验设备、材料和试剂】

1. 设备、仪器　紫外可见光分光光度计，电子分析天平，10 ml 吸量管，10 ml 具塞刻度试管（直径 16 mm，长 150 mm），pH 精密试纸，标签纸，废液缸，不同规格的微量移液器及吸头，试管架，玻璃棒。

2. 材料和试剂

（1）牛血清白蛋白标准液：使用牛血清白蛋白标准品配制成浓度为 100 μg/ml 的蛋白溶液。如果是结晶牛血清蛋白，预先根据牛血清白蛋白的消光系数 6.6 来计算其百分含量。然后根据该蛋白的纯度配制成浓度为 100 μg/ml 的白蛋白溶液。

（2）待测蛋白质溶液。

（3）染料溶液：称取考马斯亮蓝 G-250 0.1 g 溶于 95%的乙醇 50 ml，再加入质量浓度为 85%的浓磷酸 100 ml，作为母液保存，使用时用水稀释到 1 000 ml。试剂的最终浓度为 0.01%。

【实验操作】

（一）标准曲线的绘制

1. 取 10 ml 刻度试管，做好标记。

2. 按表 7－4 分别向各支试管中加入不同量的牛血清白蛋白标准液，补充蒸馏水到 1 ml。

3. 各试管加显色剂 5 ml，充分混匀。

4. 5 min 后在 595 nm 波长处以 0 号管调零，测定各管吸光度值（A_{595}）。

5. 以吸光度值为纵坐标，蛋白质浓度为横坐标绘制标准曲线，得到 $y=ax+b$ 回归方程。

表 7－4　考马斯亮蓝法制备蛋白质标准曲线

管号 试剂(ml)	空白	1	2	3	4	5
牛血清白蛋白	0	0.2	0.4	0.6	0.8	1.0
水	1.0	0.8	0.6	0.4	0.2	0
染料溶液	5.0	5.0	5.0	5.0	5.0	5.0

（二）样品测定

取 1 ml 样品稀释液（样品适当稀释一定倍数后，含 25～250 μg 蛋白质），加入染料溶液 5 ml混匀，5 分钟后测定其 595 nm 吸光度值。将所得的吸光度代入上述所得的标准曲线方程，求出 x 的值为待测稀释液的浓度，再乘以稀释倍数即为蛋白质样品的浓度。

【注意事项】

1. 如果测定要求很严格，可以在试剂加入后的 5～20 min 内测定光吸收度，因为在这段时间内颜色是最稳定的。比色反应需在 1 h 内完成。

2. 测定中，蛋白-染料复合物会有少部分吸附于比色杯壁上，实验证明此复合物的吸附量是可以忽略的。测定完后可用乙醇将蓝色的比色杯洗干净。

3. 待测蛋白样品用于计算的吸光度应落在标准曲线的线性范围内，否则计算结果无意义。

4. 测定时，最好选择牛血清白蛋白标准液与待测稀释液一同水浴，这样可提高测定的准确度。

实验 7－5　茚三酮比色法测定谷氨酸的含量

【实验目的】

1. 理解茚三酮比色法制备谷氨酸标准曲线的原理，学会标准曲线的制备方法。

2. 学习用 Excel 软件绘制标准曲线，能通过标准曲线求待测样品的浓度。

3. 掌握根据标准曲线求待测样品的浓度的方法。

4. 熟练地使用紫外可见分光光度计，并做好维护和保养。

【实验原理】

茚三酮为一氧化剂，它能使 α-氨基酸氧化脱羧，生成 CO_2、氨和比原来氨基酸少一个碳原子的醛，本身变为还原茚三酮。还原茚三酮再与氨和未还原的茚三酮反应，生成蓝紫色络合物，产生的颜色深浅与游离 α-氨基氮含量成正比，在波长 570 nm 下有最大吸收值，可用比色法测定。此反应适宜 pH 为 5～7，同一浓度氨基酸在不同 pH 条件下的颜色深浅不同，酸度过大时甚至不显色。

【实验设备、材料和试剂】

1. 设备、仪器　紫外可见光分光光度计，电子天平，100 ml 容量瓶，10 ml 具塞刻度试管（直径 16 mm，长 150 mm），25 ml 容量瓶，电磁炉，10 ml 移液管，pH 精密试纸，标签纸，废液缸，不同规格的微量移液器及吸头，试管架，玻璃棒。

2. 材料和试剂

pH6.0 醋酸-醋酸钠缓冲液的配制：取醋酸钠 54.6 g，加 1 mol/L 醋酸溶液 20 ml 溶解后，加水稀释至 500 ml，即得。

谷氨酸标准液的配制：称干燥氨基酸（如谷氨酸）0.100 0 g，溶解于 100 ml 醋酸-醋酸钠缓冲溶液中，即得到 1 mg/ml 的标准溶液，0 ℃贮藏。再采用逐级稀释法配得浓度为 50 μg/ml 至 140 μg/ml 的谷氨酸标准液。

茚三酮显色剂的制备：称取 0.5 g 茚三酮溶于 100 ml 水中得到 5 g/L 的茚三酮水溶液。

待测样品：谷氨酸待测品。

【实验操作】

1. 标准曲线制备

(1) 取 10 ml 刻度试管，做好标记。

(2) 于 10 ml 刻度试管中，将谷氨酸标准溶液稀释成浓度为 50～140 μg/ml。取稀释液 5 ml，各加显色剂 1.00 ml。

(3) 为避免蒸发损失，塞上试管塞，在恒沸水浴中准确加热 20～25 min，冷却至室温。

(4) 加水定容至 25 ml，静置 15 min，并在 30 min 内在 570 nm 波长处用 1 cm 比色皿测定其吸光度。

(5) 绘制标准曲线。以谷氨酸浓度(μg/ml)为横坐标，A_{570} 为纵坐标，用 Excel 软件绘制一条表示 x 与 y 之间的直线，求曲线方程和相关系数。如图 7-6 所示。

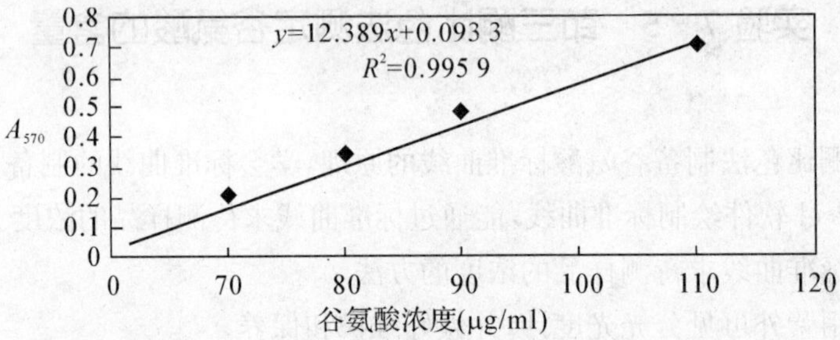

图 7-6　茚三酮比色法制备谷氨酸标准曲线

2. 样品测定　稀释待测液于 50～140 μg/ml 内(谷氨酸发酵液浓度一般在 8%～14%，测量时稀释 1 000 倍即可)，调 pH 为 6.0。以同样的反应量与反应条件进行反应，并在 570 nm 下测定其光密度值。将所得的吸光度代入以上所得的标准曲线方程，求出 x 的值为待测稀释液的浓度，再乘以稀释倍数即为谷氨酸待测液的浓度。

【注意事项】

1. 正确使用吸量管，保证溶液量取的准确度。为降低误差，每种液体最好由一个同学负责量取。

2. 谷氨酸标准溶液的稀释倍数最好成不同比例。

3. 真实记录数据，用 Excel 软件制备标准曲线。

4. 操作时必须严防任何外界的氨基酸的引入，为此所有有关玻璃仪器都必须仔细洗涤，再用蒸馏水冲洗三次，操作时只能接触其外部表面。

5. 待测样品用于计算的吸光度应落在标准曲线的线性范围内，否则计算结果无意义。

6. 测定时，最好选择谷氨酸标准样与待测稀释液一同水浴，这样可提高测定的准确度。

实验 7-6 定磷法测定核酸含量

【实验目的】

掌握定磷法测定核酸含量的原理与方法。

【实验原理】

核酸分子中含有一定比例的磷，RNA 中含磷量为 9.5%，DNA 中含磷量为 9.9%，因此通过测得核酸中磷的量即可求得核酸的量。用强酸使核酸分子中的有机磷消化成为无机磷，使之与钼酸铵结合成磷钼酸铵(黄色沉淀)。

【实验器材和试剂】

实验器材：凯氏烧瓶 50 ml，小漏斗，容量瓶 100 ml，吸管 0.10 ml，试管，分光光度计，电炉，水浴锅。

实验试剂：

粗核酸样品液，含 RNA 1～10 mg/ml。

标准磷溶液：分析纯磷酸二氢钾于 105 ℃烘至恒重，准确称取 0.877 5 g 溶于少量蒸馏水中，转移至 500 ml 容量瓶中，加入 5 ml 5 mol/L 硫酸溶液及氯仿数滴，用蒸馏水稀释至刻度，此溶液每毫升含磷 400 μg，存于冰箱保存。临用时准确稀释 20 倍(20 μg/ml)。

定磷试剂：(1) 3 mol/L 硫酸：17 ml 浓硫酸(比重 1.84)缓缓加入 83 ml 水中。

(2) 2.5%钼酸铵溶液：2.5 g 钼酸铵溶于 100 ml 水。

(3) 10%抗坏血酸溶液：10 g 抗坏血酸溶于 100 ml 水，存于棕色瓶中放于冰箱。溶液呈淡黄色尚可用，呈深黄甚至棕色即失效。临用时将上述三种溶液与水按如下比例混合，3 mol/L 硫酸：2.5%钼酸铵溶液：10%抗坏血酸溶液：水＝1：1：1：2 (V：V)。

5%氨水、30%过氧化氢

5 mol/L 硫酸：27 ml 硫酸缓缓倒入 73 ml 水中。

【实验操作】

1. 磷标准曲线的绘制　分别取 0 ml、0.2 ml、0.3 ml、0.4 ml、0.5 ml、0.6 ml、0.7 ml、0.8 ml 标准磷溶液加入试管中，用水补足至 3 ml。各加入定磷试剂 3 ml，在 45 ℃水浴中保温 10 min，冷却，以零号管调零点，于 660 nm 处测吸光度。以磷含量为横坐标，吸光度为纵坐标作图。

2. 核酸的消化　吸取核酸样品液 1 ml 于凯氏烧瓶中(空白试验以 1 ml 蒸馏水代替)，加入 2 ml 5 mol/L 硫酸。置于 140～160 ℃烘箱内消化 2～4 h，待溶液呈黄褐色后，将其取出冷却。加入 1～2 滴 30%过氧化氢，继续消化至溶液透明为止。将其取出冷却后加 1 ml 蒸馏水，于沸水浴中加热10 min，已分解消化过程中形成的焦磷酸。然后将消化液用蒸馏水转移至100 ml 容量瓶中，定容至刻度。

3. 总磷的测定　分别取上述样品消化稀释液 1 ml(空白试验以 1 ml 蒸馏水代替)，各加入蒸馏水 2 ml 和定磷试剂 3 ml，混匀后于 45 ℃水浴保温 10 min，冷却至室温，测 A_{660}。从标准曲线查出含磷量，乘以 100（稀释倍数），即为每毫升样品的总磷量。

4. 样品中无机磷的测定　取 1 ml 核酸样品液（空白试验以 1 ml 蒸馏水代替），各加沉淀剂 1 ml，摇匀，以 3 500 r/min 离心 15 min。取 0.2 ml 上清液，加 2.8 ml 蒸馏水和 3 ml 定磷试剂，如上述方法测得 A_{260}，从标准曲线查出含磷量，乘以 100（稀释倍数），即为每毫升样品的无机磷含量。

【结果计算】

RNA 的平均含磷量为 9.5%，按下式计算样品中 RNA 含量：

$$\text{RNA 量}=(\text{总磷量}-\text{无机磷量})\times\frac{100}{9.5}$$

$$\text{DNA 量}=(\text{总磷量}-\text{无机磷量})\times\frac{100}{9.9}$$

知识与能力测试

1. 当选择蛋白质测定方法时，哪些因素是必须考虑的？
2. 为什么凯氏定氮法测定出食品中的蛋白质含量为粗蛋白含量？
3. 在消化过程中加入的硫酸铜试剂有哪些作用？
4. 样品消化过程中内容物的颜色发生什么变化？为什么？
5. 样品经消化蒸馏之前为什么要加入氢氧化钠？这时溶液的颜色会发生什么变化？为什么？如果没有变化，说明了什么问题？
6. 蛋白质蒸馏装置的水蒸气发生器中的水为何要用硫酸调成酸性？
7. 简述染料结合法测定食品中的蛋白质的原理。
8. 蛋白质的结果计算为什么要乘上蛋白质系数？6.25 的系数是怎么得到的？
9. 说明甲醛滴定法测定氨基酸态氮的原理及操作要点。
10. 用什么方法可对谷物中的蛋白质含量进行快速的质量分析？
11. 从离子交换色谱柱上洗脱氨基酸，采用什么定量测定方法？

第八章　光学检测技术

利用物质所具有的各种光学性质，对物质进行定性、定量及结构分析的技术称为光学检测技术。光学检测技术多种多样，本章着重介绍在生物制药领域常用的分光光度检测法。

第一节　分光光度检测技术

一、概述

分光光度检测技术又称为分子光谱检测法(Specerophotometry)，是利用物质分子所特有的吸收光谱对物质进行定性、定量测定的检测技术。物质为什么会对光选择吸收呢？这是因为当一束光照射到某种物质的固态物或溶液上时，一部分光会被吸收或反射，不同物质对于照射的光的吸收程度是不同的，对某种波长的光吸收强烈，对另外波长的光吸收很少或不吸收，这种现象称为光的选择性吸收。物质的结构决定了物质在吸收光时只能吸收某些特定波长的光。一切物质都会对可见光或不可见光中某些波长中的光进行吸收。

在日常生活中我们也知道，有色溶液对光线有选择性的吸收作用，例如：红色溶液对青光有吸收作用。不同物质由于其分子结构不同，对不同波长光线的吸收能力也不同，因此，每种有色物质都具有其特异的吸收光谱。

有些无色溶液，虽然对可见光没有吸收作用，但所含的物质可以吸收特定波长的紫外线或红外线。或者其可在一定条件下加入显色试剂或经过处理使其显色后再测定。所以吸收光谱的测定可以用来鉴定各种不同的物质。

可以根据物质的吸收光谱的频率范围或波长范围(频率越高，波长越短，能量越大)不同，如图 8－1 所示，将分光光度检测技术分为如下三种：

(1) 紫外光分光光度检测(200～400 nm)：可用于检测核酸(260 nm 或 254 nm)、蛋白质(280 nm)，以及有机物进行结构分析等。

(2) 可见光分光光度检测(400～760 nm)：可用于检测各种有色物质。

(3) 红外光分光光度检测(760～10 000 nm)：可用于检测饱和脂肪酸、脂肪胺、醇类等。

通常把可见分光光度法和紫外分光光度法合成为紫外－可见分光光度法，工作波长范围为 190～760 nm。

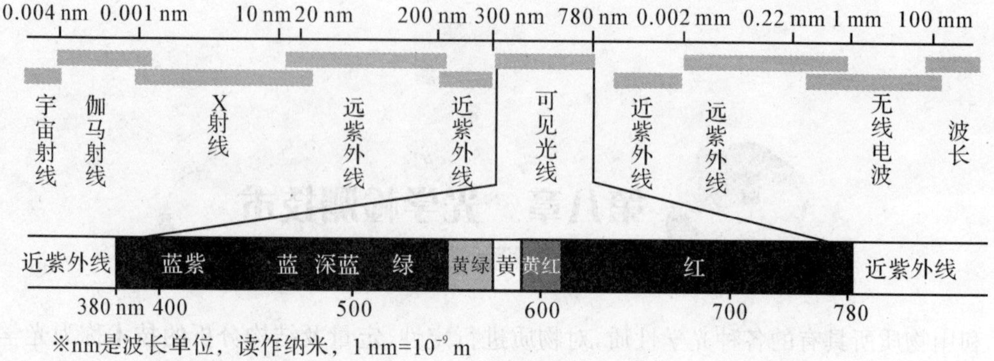

图 8－1　光谱范围示意图

二、分光光度计的结构原理

分光光度计基本由光源、单色光器、狭缝、比色杯和检测器系统等部分组成，如图 8－2 所示。

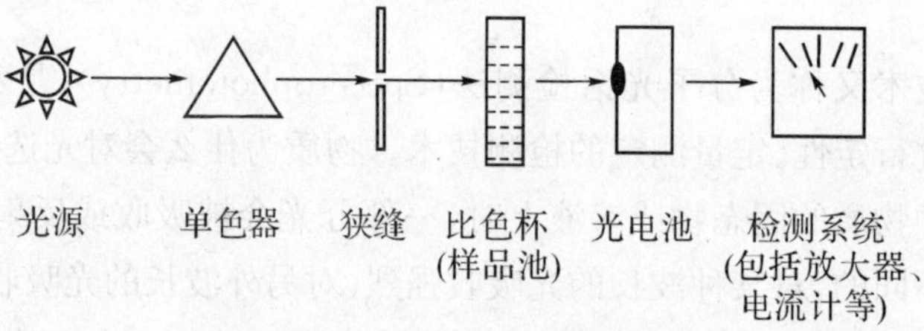

图 8－2　分光光度计结构部件图

1. 光源　一个良好的光源要求具备发光强度高、光亮较稳定、光谱范围较宽和使用寿命长等特点，一般可见光分光光度计都采用稳定调控的钨灯，适用于作 340～900 nm 范围的光源。紫外分光光度计还外加有稳定调控的氢灯或氘灯，适用于作 200～360 nm 的紫外分光分析的光源。

2. 单色光器　分光光度计测定某一物质的光密度需要在某一特定波长下进行。单色光器的作用在于根据需要选择一定波长范围内的单色光。最简单的单色光器是光电比色计上所采用的滤光片，即有一定颜色的玻璃片。由于所通过的光谱范围较宽，所以光电比色计的分辨率较差。棱镜和衍射光栅是较好的单色光器，能在较宽的光谱范围内分离出相对纯波长的光线，目前分光光度计多采用棱镜和衍射光栅来获得单色光，棱镜分离单色光的原理如图 8－3 所示。

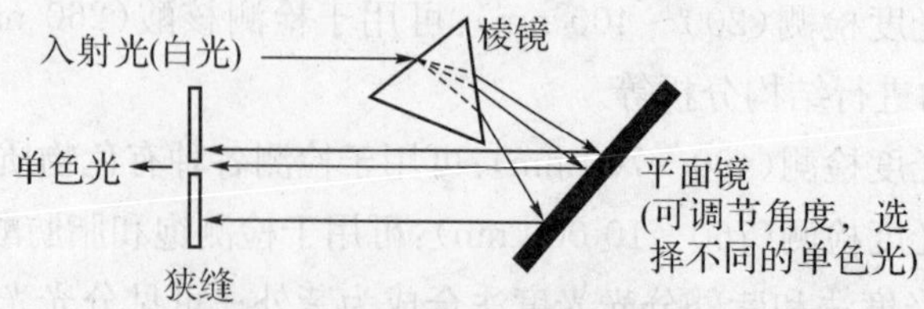

图 8－3　棱镜分离单色光的工作原理示意图

3. 狭缝　通过单色光器的发生光的强度可能过强，也可能过弱，不适于检测。狭缝是由一对隔板在光通路上形成的缝隙，通过调节缝隙的大小来调节入射单色光的强度并使入射光形成平行光线，以适应检测器的需要。分光光度计的缝隙大小是可调的。

4. 比色杯(比色皿)　比色杯又叫比色皿、吸收杯或样品杯，是光度测量系统中最重要的部件之一。在可见光波长范围内测量时选用光学玻璃比色皿，在紫外光波长范围内测量时要选用石英玻璃比色皿。

要注意保护比色杯的质量，这是取得良好分析结果的重要条件之一。不得用粗糙、坚硬物件接触比色杯，不能用手拿取比色杯的光学面，只能拿取毛面，使用后要及时洗涤比色杯，不得残留测定液，尤其是蛋白质和核酸溶液。

比色杯有不同厚度，如：0.5 cm、1 cm、2 cm、5 cm 等，最常用的是 1 cm。若待测液量少时可用 0.5 cm；若待测液光密度值低时，可用 2 cm 或 5 cm 比色杯，用不同厚度的比色杯测定的 *O.D* 值不同。若不是 1 cm 比色杯测得光密度值后计算浓度时要考虑液层厚度。

5. 光电池和检测系统　硒光电池、光电管或光电倍增管等光电元件常用来作为受光器，将通过比色杯的光能量转变为电能。再进一步用适当的方法测量所产生的电能。

三、分光光度检测技术的应用

(一) 待测物质的定性分析

定性分析是指判断某待测物质为何物，由于不同结构的物质吸收光谱不同，这是对物质定性分析的基础。用分光光度检测技术进行定性分析的方法主要有三种。

1. 测定吸收光谱来鉴定分析物质　在相同条件下(pH、温度、缓冲液等)测出样品溶液的吸收光谱(即吸光度与波长的曲线)，然后与物质的标准吸收光谱(相关手册中查找)相对照，根据两吸收光谱的性状、吸收峰的数目、位置、拐点等完全一致，就可推断样品与标准品是同一物质。如图 8-4 所示为 β-藏茴香酮的吸收光谱图，其最大吸收波长为 235.5 nm，而色氨酸和酪氨酸的最大吸收波长为 280 nm，如图8-5 所示。

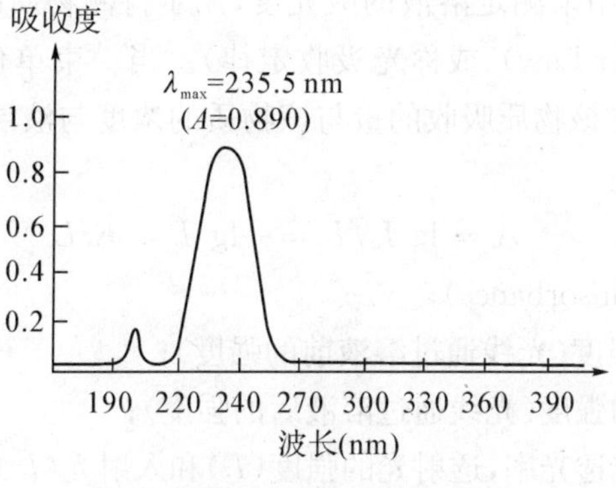

图 8-4　β-藏茴香酮的吸收光谱图

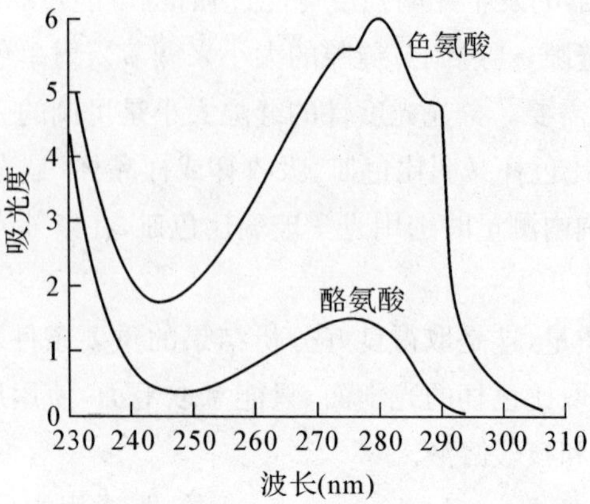

图 8-5　色氨酸和酪氨酸的吸收光谱图

2. 测定 DNA 紫外吸光度来分析其纯度　DNA、蛋白质为生物大分子，所产生的紫外光吸收往往是其分子内的小基团所引起的，例如嘌呤碱、嘧啶碱、酪氨酸、苯丙氨酸、色氨酸和肽键等。DNA 分子中的嘌呤碱、嘧啶碱以及由它们参与组成的核苷、核苷酸及核酸对紫外光有强烈的吸收，在波长 260 nm 处有最大吸收值。对于纯的核酸样品溶液，只要测出其对 260 nm 紫外光的吸收度即可算出其核酸含量。DNA 样品中如含有杂蛋白、苯酚等，则其对 280 nm 紫外光吸收增强，因此，通过测定 DNA 样品的 A_{260} 和 A_{280}，以 A_{260}/A_{280} 的值来判断 DNA 样品的纯度，纯的 DNA 样品溶液 A_{260}/A_{280} 应为 1.8，纯的 RNA 样品溶液 A_{260}/A_{280} 应为 2.0，而含有杂蛋白的核酸溶液 A_{260}/A_{280} 会降低。

3. 测吸光度来判断产品是否合格　在食品生产中为了保证有颜色的饮料（如可乐、果汁及茶饮料）产品的颜色一致，可以在可见光区测定其吸光度值，使色差符合产品要求。在发酵业中也可通过测定发酵液的吸光度值来确定产品的发酵生产状况。对于一些成分比较单一的产品也可通过测定吸光度值来确定产品合格与否。比如，判定维生素 B_1 的质量是否合格，就可以在 400 nm 下测定其吸光度值，当其值不超过 0.020 时，即可确定为合格。

（二）待测物质的定量分析

分光光度检测法常被用来测定溶液的吸光度，用于待测物质的定量分析。理论根据是朗伯-比尔定律(Lambert-Beer Law)（或称光吸收定律）。当一束单色光辐射穿过被测物质溶液时，在一定的浓度范围内被该物质吸收的量与该物质的浓度与液层的厚度（光路长度）成正比，其关系如公式(8-1)所示：

$$A = \lg I_0/I_t = -\lg T = KcL \qquad (8-1)$$

其中，A——吸光度(ansorbance)；

I_0——入射光强度（光线通过溶液前的强度）；

I_t——透射光的强度（光线通过溶液后的强度）；

T——透光度或透光率，透射光的强度(I_t)和入射光(I_0)的比值，即 $T=I_t/I_0$；

c——溶液的浓度，100 ml 溶液中含被测物质的重量（按干燥或无水物计算），g；

L——溶液液层的厚度，cm；

K——吸收系数，是物质的特征性常数。采用的方法是 $E_{1\,cm}^{1\%}$，其物理意义为当溶液浓度为 1%(g/ml)，液层厚度为 1 cm 时的吸光度数值。

用分光光度检测技术对物质进行定量分析的方法主要有以下三种：

1. 根据某一标准物质求待测样品溶液的浓度　以公式(8－1)可知，对于相同物质和相同波长的单色光(即吸光系数一定)来说，且液层厚度不变时，溶液的 A 和溶液的浓度成正比，即：

$$A_1/A_2 = Kc_1L/Kc_1L = c_1/c_2$$

$$c_1 = (A_1/A_2)\cdot c_2 \qquad (8-2)$$

也就是如果 c_2 为标准溶液的浓度(浓度已知)，则可根据测得的两个吸光度，根据公式(8－2)求得待测溶液的浓度。

2. 根据标准曲线求待测样品的浓度　在实际工作中，常常会求待测样品的浓度，如发酵产品的浓度，发酵液中还原糖的浓度等。为了简便起见，首先用欲测组分的标准样品绘制标准曲线(standard curve)。标准曲线是以一系列不同浓度的标准样品的光密度值为纵坐标，标准样品的浓度为横坐标绘制的一条直线，或者通过 excel 软件制备出标准曲线回归方程 $y=ax+b$(y 为吸光度，x 为浓度，a 为直线的斜率，b 为直线的截距)。制作一条标准曲线至少需要 5 个标准点。

那么只要在相同条件下测得某待测物质的光密度后，便可从标准曲线上查到待测物相应的浓度数值，如图 8－6 所示。例如：在 254 nm 紫外光下测得待测物的 $O.D_{254}$ 值为 0.521，通过标准曲线，就可以查到其相应的浓度应为 2.7 mol/L。

也可通过标准曲线回归方程 $y=ax+b$，在相同条件下测得待测物的光吸收值 y 后，即可代入方程求出其浓度 x。

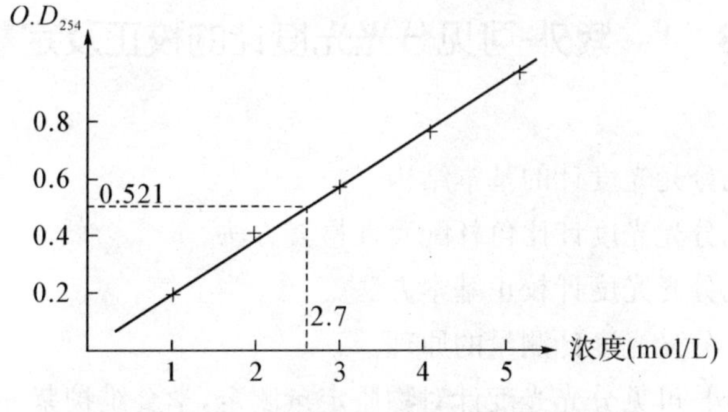

图 8－6　标准曲线法求待测样品浓度

3. 根据吸光系数求待测样的浓度　从公式(8－1)可知，若知道某待测物质的吸光系数和溶液的厚度，也可以从吸光度值(或光密度值)计算出待测溶液的浓度，吸光系数的常用表示方法有两种。

(1) 百分吸光系数：即浓度是以质量分数来表示的吸光系数。百分吸光系数等于溶液浓度为 1%(g/ml)，液层厚度为 1 cm 时的 A，用 $E_{1\,cm}^{1\%}$ 来表示。

(2) 摩尔吸光系数:即浓度是以摩尔浓度来表示的吸光系数。摩尔吸光系数等于溶液浓度为1 mol/L,液层厚度为1 cm时的吸光度值,用e来表示。

若液层厚度为1 cm时,根据公式(8-1)变换可得:

$$\rho = A/E_{1\,\mathrm{cm}}^{1\%} \tag{8-3}$$

其中,ρ——待测物浓度,g/L;

A——测得的待测物吸光度值;

$E_{1\,\mathrm{cm}}^{1\%}$——百分吸光系数。

待测物吸光系数可以通过分光光度计测出,百分消光系数从手册中查得,利用公式(8-3)计算出待测物的浓度。

同理可得:

$$c = A/e \tag{8-4}$$

其中,c——待测物浓度,g/L;

A——测得的待测物吸光度值;

e——摩尔消光系数。

e可以从有关文献手册中查到,测得待测物的吸光度值后,即可通过公式(8-4)计算出待测物的浓度。

$E_{1\,\mathrm{cm}}^{1\%}$与e之间可以换算,其关系为:

$$e = E_{1\,\mathrm{cm}}^{1\%} Mr/10$$

第二节 实践训练

实验8-1 紫外-可见分光光度计的校正及定量测定

【实验目的】

1. 认识紫外-可见分光光度计的基本结构。
2. 学会紫外-可见分光光度计比色杯配套性检查方法。
3. 了解紫外-可见分光光度计校正基本方法。
4. 理解紫外-可见分光光度计测量的原理。
5. 正确地使用紫外-可见分光光度计对物质定量测定,学会维护紫外-可见分光光度计。

【实验原理】

分光光度检测技术又称为分子光谱检测法,是根据物质对不同波长光的选择性吸收现象对物质进行定性、定量测定的检测技术。

【实验内容】

1. 仪器波长准确度检查和校正。
2. 比色杯的配套性检查。

3. 用紫外-可见分光光度计测定酵母菌悬液的吸光度。

【主要仪器、设备和实训用品】

UV-1100 紫外-可见分光光度计，比色杯，蒸馏水，苯，酵母菌悬液，废液缸，吸量管，微量移液器。

【实验操作】

（一）仪器调校

1. 开机自检及预热 关上样品室盖，打开仪器开关，进入系统自检过程。仪器自检结束后进入预热状态，若要精确测量，预热时间在 20 min 以上。（因电器件需要预热一定的时间后方可达到稳定状态；另外氘灯周围环境也需要一定时间方能达到热平衡，所以仪器需要预热约 20 min 后，方可正常使用。）

2. 仪器波长准确度检查和校正

（1）可见光区波长准确度检查和校正：检验波长是否准确，可用谱线校正法。在吸收池中置一白纸挡住光路，将波长从 720 nm 向 420 nm 调整，遮光观察白纸上色斑的颜色。根据调整的波长范围观察所得到的相应颜色，并进行对比核对，判断波长的准确度。（486 nm 附近，白纸上为蓝色斑；580 nm 附近，白纸上为黄色斑。）

表 8-1 物质吸收的可见光波长与颜色

吸收光颜色	紫	蓝	绿蓝	蓝绿	绿	黄绿	黄	橙	红
波长(nm)	400～450	450～480	480～490	490～500	500～560	560～580	580～610	610～650	650～760

（2）紫外光区波长准确度检查和校正：在比色杯滴一滴液体苯，盖上样品室盖，待苯挥发充满整个比色杯后，就可以测绘苯蒸气的吸收光谱，观察实测结果与苯的标准光谱曲线是否一致（图 8-7）。

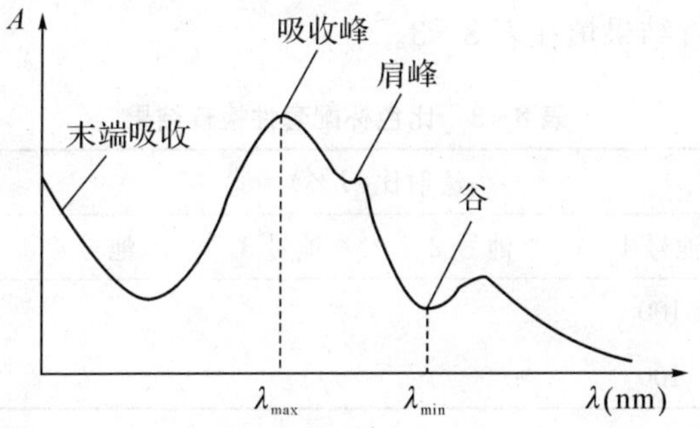

图 8-7 苯的标准光谱曲线图

3. 比色杯配套性检查 玻璃比色杯在 440 nm 装蒸馏水（石英比色杯在 220 nm），以一个比色杯为参比，调节投射比 T 为 100%，测定其余各比色杯的透射比，透射比偏差小于 0.5%的比色杯可配成一套使用，记录其余比色杯的吸光度值作为校正值。

（二）酵母菌悬液吸光度的测定

1. 待测样品的处理 将酵母菌液体稀释成所需要的倍数。

2. 测定步骤

(1) 确认比色杯:若测试波长大于 400 nm,使用玻璃比色杯;若测试波长小于 400 nm,使用石英比色杯。

(2) 设置测试方式:主界面"－"(左)进入"光度测量"。

(3) 设置测试波长:在系统主界面下,系统的默认功能选项为透过率测试,此时直接按键可以进入波长设定界面,按△/▽键来改变波长值,每按一次该键则屏幕上的波长值相应增加或减 0.1 nm,按键确认。

(4) 校准 0Abs/100.0%T:将空白样品拉(推)入光路中,按"Zero"键调 0.000 Abs/100.0%T。

(5) 测量样品,记录数据:校 100.0%T 完成后,把待测样品拉(推)入光路,此时屏幕上显示的即为该样品的吸光度或透过率值。

3. 清洗比色杯　比色杯使用后立即用自来水或蒸馏水反复冲洗干净(只能用手拿其毛面,不要触碰光面)。如洗不干净时,可用盐酸或适当溶剂冲洗,再用自来水冲洗干净,切忌用试管刷或粗糙的布以及纸擦洗,以免损坏比色杯的透光度,亦要避免用较强的碱性或强氧化剂清洁(因为这些物质会腐蚀玻璃),洗净后用蒸馏水润洗,并倒置晾干备用。

【数据记录及结果分析】

1. 可见光区波长准确度检查和校正结果填在表 8-2。

表 8-2　可见光区波长准确度检查和校正结果

吸收光颜色	紫	蓝	绿蓝	蓝绿	绿	黄绿	黄	橙	红
波长(nm)	400～450	450～480	480～490	490～500	500～560	560～580	580～610	610～650	650～760

2. 紫外光区波长准确度检查和校正　紫外光区波长检查所得图谱与苯的标准光谱曲线对比。

3. 比色杯配套性检查结果填在表 8-3。

表 8-3　比色杯配套性检查结果

波长(nm)	透射比(T%)				配套误差(%)
	池号 1	池号 2	池号 3	池号 4	
220	100				
440	100				

4. 酵母菌悬液的吸光度的测定值。

【思考题】

根据酵母菌悬液的吸光度的测定值,如何求出所含的酵母菌浓度?

实验 8-2　紫外吸收法测定蛋白质含量

【实验目的】

1. 掌握紫外吸收法测定蛋白质含量的原理和方法。

2. 掌握紫外分光光度计的使用。

3. 学习用 Excel 软件绘制标准曲线,并求出曲线方程、相关系数和待测样品中蛋白质的浓度。

4. 学会根据具体情况选择不同的蛋白质含量测定方法。

【实验原理】

蛋白质中的芳香族氨基酸酪氨酸、色氨酸、苯丙氨酸残基的苯环含有共轭双键,具有紫外光吸收特性,最大吸收峰在 280 nm 处。在此波长处,一定浓度范围内的蛋白质溶液的光密度值($O.D_{280}$)与其含量成正比关系,可用作定量测定。

本法操作简单、快速,所需样品量少,经测定后样品仍能回收使用(因为样品中不加任何试剂,不发生任何反应)。且不受低浓度的盐所干扰,因此常广泛用在蛋白质和酶的生物化学制备中,尤其是常应用于柱层析分离中,利用 280 nm 进行紫外检测来判断蛋白质吸附及洗脱情况。

利用紫外吸收法测定蛋白质含量准确度较差,主要是由于:

(1) 对于测定那些与标准蛋白质中酪氨酸、色氨酸、苯丙氨酸,尤其是酪氨酸含量差异较大的蛋白质,有一定的误差,若想减少误差,标准蛋白必须要与测定蛋白质的氨基酸组成相似。

(2) 紫外吸收法测定蛋白质含量的灵敏度范围为 0.1～1 mg/ml。

(3) 若样品中含有嘌呤、嘧啶等吸收紫外光的物质,会出现更大干扰(因为虽然核酸在 260 nm 处光吸收最强,但在 280 nm 也有吸收)。但蛋白质在 280 nm 紫外光吸收值大于260 nm 处紫外吸收值,利用这一性质,通过计算可以适当校正核酸对于测定蛋白质含量的干扰作用:

$$蛋白质含量(mg/ml)=1.55A_{280}-0.75A_{260}$$

【实验设备、材料和试剂】

1. 设备、器材　电子分析天平,紫外光分光光度计,石英玻璃比色皿,试管及试管架,吸量管,滤纸,试剂瓶。

2. 材料

(1) 标准牛血清白蛋白溶液:1 mg/ml,100 ml;

(2) 待测蛋白质样品液:鸡蛋清蛋白溶液:量出一个鸡蛋清的体积,从中取 5 ml,先定容至 100 ml,再从 100 ml 溶液中取出 20 ml,定容至 100 ml,过滤即得蛋白质样品液。

【实验操作】

1. 标准曲线的制作

(1) 对试管编号 0～5,0 号管作空白对照,至少做 5 个稀释度。

(2) 按表 8-4 对标准牛血清白蛋白溶液稀释,充分混匀后,在 280 nm 波长下测定各稀释溶液的吸光度,以 0 号管作空白对照。

(3) 以 A_{280} 为纵坐标,蛋白质含量(μg/ml)为横坐标,用 Excel 软件绘制标准曲线,求曲线方程和相关系数。

2. 样品蛋白质含量的测定

(1) 另取试管并编号,0 号管作空白对照。

(2) 对待测蛋白样品进行稀释,测定 A_{280},选择 A_{280} 落在线性范围内的稀释度,每个稀释度常常做三个平行管,求其吸光度的平均值。若测定后仍没有一支稀释度落在标准曲线的线性范围内，应重新调整稀释倍数。

3. 求待测样品蛋白质含量　把蛋白样品稀释液的吸光度代入标准曲线方程计算样品蛋白液的含量，并根据稀释倍数和鸡蛋清的体积，算出蛋白原液的含量(mg/ml)和一个鸡蛋清所含的蛋白总量(g)。

表 8－4　制备蛋白质标准曲线各试剂量取表

试剂 \ 管号	0	1	2	3	4	5
牛血清白蛋白(ml)	0	1.0	2.0	3.0	4.0	5.0
蒸馏水(ml)	5	4.0	3.0	2.0	1.0	0
标准蛋白质浓度(μg/ml)	0	200	400	600	800	1 000

注意：使用石英玻璃比色皿。

【注意事项】

1. 正确使用吸量管，保证溶液量取的准确度。为降低误差，每种液体最好由一个同学负责量取。
2. 标准蛋白应与待测蛋白为同一种类的蛋白质，才能消除氨基酸组成差异的影响。
3. 测量 A 值时，一定要用空白对照调零；用紫外光测定 A 值时一定要用石英比色皿。
4. 分光光度计一定要预热稳定后再进行测量。
5. 待测样品用于计算的数据应落在标准曲线的线性范围内，否则计算结果无意义。

实验 8－3　紫外光吸收法测定核酸含量

【实验目的】

1. 掌握紫外分光光度法测定核酸含量的原理。
2. 熟悉利用紫外分光光度计测定核酸含量的方法。

【实验原理】

核酸、核苷酸及其衍生物的分子结构中的嘌呤、嘧啶碱基具有共轭双键系统(—C═C—C═C—)，能够强烈吸收 250～280 nm 波长的紫外光。核酸(DNA，RNA)的最大紫外吸收值在260 nm 处。遵照 Lambert-Beer 定律，可以从紫外光吸收值的变化来测定核酸物质的含量。

一般规定，在 pH 7.0 时，1$O.D_{260\ nm}$ 相当于 50 μg/ml 双链 DNA 或 40 μg/ml 单链 DNA(或 RNA)。因此，测定未知浓度的 DNA(RNA)溶液的光密度 $O.D_{260\ nm}$，即可计算测出其中核酸的含量。

该法简单、快速、灵敏度高。对于含有微量蛋白质和核苷酸等吸收紫外光物质的核酸样品，测定误差较小；当待测的核酸样品中含有酸溶性核苷酸或可透析的低聚多核苷酸，在测定时需要加钼酸铵-过氯酸沉淀剂，沉淀除去大分子核酸，测定上清液 260 nm 处光密度作为对照。

【实验设备、材料和试剂】

1. 实验设备、器材　分析天平，紫外分光光度计，冰浴或冰箱，离心机，离心管(10 ml)，烧杯(10 ml)，容量瓶(50 ml、100 ml)，移液管(0.5 ml、2 ml 和 5 ml)，药品勺和玻璃棒，试管和试管架。

2. 材料

(1) 样品 RNA 溶液：准确称取待测的核酸样品 0.5 g，加少量蒸馏水(或无离子水)调成糊状，再加适量的水，用 5%～6%氨水调至 pH7，定容至 50 ml。

(2) 5%～6%氨水：用 25%～30%氨水稀释 5 倍。

(3) 钼酸铵-过氯酸沉淀剂(0.25%钼酸铵-2.5%过氯酸溶液)：取 3.6 ml 70%过氯酸，加入 0.25 g 钼酸铵，蒸馏水定容至 100 ml。

【实验操作】

1. 取两支离心管，各加入 1 ml 样品 RNA 溶液。甲管内加入1 ml蒸馏水，乙管内加入 1 ml 沉淀剂(沉淀除去大分子核酸，作为对照)。混匀，在冰浴(或冰箱)中放置 30 min，3 000 r/min 离心 10 min。

2. 从甲、乙两管中分别取 0.5 ml 上清液，用蒸馏水各自定容至 50 ml。

3. 选用光程为 1 cm 的石英比色杯，在 260 nm 波长下测其光密度。

【结果计算】

1. 样品中 RNA 的浓度计算如下：

$$\text{RNA 浓度}(\mu g/ml) = \Delta O.D_{260} \times \text{稀释倍数} \times 40$$

式中：$\Delta O.D_{260}$——甲管和乙管稀释液测定的 $O.D_{260}$ 的差值，稀释倍数为：$\frac{2}{1} \times \frac{50}{0.5} = 200$

40——$1O.D_{260\ nm}$ 相当于 40 μg/ml RNA。

2. 样品中 RNA 的含量计算如下：

$$\text{RNA}(\%) = \frac{\text{RNA 浓度}(\mu g/ml) \times 50(ml)}{500(\mu g)} \times 100\%$$

【思考题】

1. 采用紫外光吸收法测定样品的核酸含量，有何优点及缺点？

2. 若样品中含有核苷酸类杂质，应如何校正？

知识与能力测试

1. 试述分光光度检测技术的基本原理。

2. 说明分光光度技术的定量和定性分析应用。

3. 何谓 $O.D$ 和 A 值？

4. 何谓透光率？$O.D$ 与透光率间有何关系？

5. 使用比色杯时应注意什么？

6. 分光光度计的主要结构部件包括哪些？分光光度检测法有何应用？

7. $E_{1\,cm}^{1\%}$ 与 e 之间如何换算？

8. 有一个标准样品的 $O.D$ 为 0.382，其浓度为 100 μg/ml，而待测样的 $O.D$ 为 0.256，假定它们是同一类蛋白质，测定条件相同，求待测样的浓度。

9. 有一个待测样品，其 e 为 1.950，比色皿厚度为 3 cm，测得 $O.D$ 为 0.350，求其浓度和百分消光系数。

主要参考文献

1. 蒋木庚,周湘泉,中国农业百科全书编辑部.中国农业百科全书·生物学卷.北京:农业出版社,1991
2. 劳文艳.现代生物制药技术.北京:化学工业出版社,2005
3. 郭勇.现代生化技术.北京:科学出版社,2005
4. 杨柳,王建立,王淑英,等.糖类物质测定方法评价.北京农学院学报,2009.10,24(4):68－71
5. 陈毓荃.生物化学试验方法和技术.北京:科学出版社,2002:46－49
6. 周正义.生物化学实验教程.北京:科学出版社,2012
7. 余冰宾.生物化学实验指导.北京:清华大学出版社,2004
8. 李巧枝,程绎南.生物化学实验技术.北京:中国轻工业出版社,2010
9. 王晓利.生物化学技术.北京:中国轻工业出版社,2010